ÉTUDES

SUR LES

EAUX MINÉRALES ET THERMALES

DE PLOMBIÈRES

Travaux de M. J. Lefort sur les eaux minérales.

Traité de chimie hydrologique, comprenant des notions générales d'hydrologie, l'analyse chimique qualitative et quantitative des eaux douces et des eaux minérales, un Appendice concernant la préparation, la purification et l'essai des réactifs, et précédé d'un Essai historique et de considérations sur l'analyse des eaux. 1 vol. grand in-8 de XL-622 pages. Paris, 1859.

Dictionnaire général des eaux minérales et d'hydrologie médicale, comprenant la géographie et les stations thermales, la pathologie thérapeutique, la chimie analytique, l'histoire naturelle, l'aménagement des sources, l'administration thermale, etc., en collaboration avec MM. Durand-Fardel, Lebret et J. François. 2 vol. in-8. Paris, 1860.

Analyse de l'eau de l'enclos des Célestins, à Vichy (*Journal de pharmacie et de chimie*, t. XVI, 1849).

Analyse de l'eau minérale de Janzat (Allier) (*Journal de pharmacie et de chimie*, t. XXI, 1852).

Recherches sur la composition de l'air des piscines (*Annales de la Société d'hydrologie médicale de Paris*, t. I, 1854).

Études physiques et chimiques sur les eaux minérales de Châteauneuf (Puy-de-Dôme) (*Annales de la Société d'hydrologie médicale de Paris*, t. I, 1854).

Études chimiques sur les eaux minérales de Royat et de Chamalières (Puy-de-Dôme) (*Annales de la Société d'hydrologie médicale de Paris*, t. III, 1856-1857).

Recherches sur la composition chimique de l'eau minérale de Neyrac (Ardèche), au nom d'une commission spéciale (*Annales de la Société d'hydrologie médicale de Paris*, t. III, 1856-1857).

Nouvelle analyse de l'eau minérale de Neyrac (Ardèche) (*Journal de pharmacie et de chimie*, t. XXXII, 1857).

Études chimiques sur les eaux minérales et thermales de Néris (Allier) (*Annales de la Société d'hydrologie médicale de Paris*, t. IV, 1857-1858).

Analyse chimique de l'eau minérale de Saint-Alban (Loire). (*Académie de médecine*, 25 janvier 1859).

Mémoire sur les propriétés physiques et la composition chimique des eaux minérales de Saint-Nectaire (Puy-de-Dôme). Brochure in-8 de 30 pages.

Analyse chimique des eaux minérales de Rouzat, Gimeaux et Saint-Myon (Puy-de-Dôme) (*Annales de la Société d'hydrologie médicale de Paris*, t. VII, 1859).

Paris. — Imprimerie de L. MARTINET, rue Mignon, 2.

ÉTUDES

SUR LES

EAUX MINÉRALES ET THERMALES

DE

PLOMBIÈRES

COMPRENANT

DES CONSIDÉRATIONS GÉNÉRALES SUR L'ORIGINE GÉOLOGIQUE
DES SOURCES MINÉRALES DE L'EST DE LA FRANCE,
L'HISTORIQUE, LE CAPTAGE, L'AMÉNAGEMENT, LE DÉBIT, LES PROPRIÉTÉS
PHYSIQUES ET CHIMIQUES, L'ANALYSE ET LA COMPOSITION
DES EAUX MINÉRALES DE PLOMBIÈRES,

PAR

M. P. JUTIER,
Ingénieur des mines,
chargé des travaux relatifs aux sources
de Plombières,
Chevalier de la Légion d'honneur.

M. J. LEFORT,
Membre titulaire
de la Société d'hydrologie médicale de Paris,
auteur
du *Traité de chimie hydrologique*.

Avec Plan de la Ville et Carte des environs de Plombières.

A PLOMBIÈRES
AU BUREAU DE LA COMPAGNIE CONCESSIONNAIRE.

A PARIS
CHEZ J.-B. BAILLIÈRE ET FILS
LIBRAIRES DE L'ACADÉMIE IMPÉRIALE DE MÉDECINE
Rue Hautefeuille, 19.

1862

Extrait des ANNALES DE LA SOCIÉTÉ D'HYDROLOGIE MÉDICALE DE PARIS,

tome VII.

AVANT-PROPOS.

Les sources minérales et thermales de Plombières, très bien captées par les Romains, alimentaient jadis, grâce à leurs travaux, une série de bains dignes de l'admiration des siècles futurs; mais la barbarie qui suivit la décadence de l'empire romain enfouit sous des ruines ces belles constructions.

Ces eaux thermales ne pouvaient manquer de fixer l'attention, et dès qu'arrivèrent des temps moins agités, il a suffi d'enlever quelques déblais pour mettre à découvert les principales piscines créées par les Romains. Toutefois, si l'on avait retrouvé les parties essentielles de ces thermes antiques, on avait perdu la trace des canaux destinés à les alimenter; l'ensemble des substructions romaines était caché par une couche épaisse d'alluvions : une ville nouvelle s'était élevée peu à peu, et sans aucun ordre, à la surface du sol occupé par les eaux minérales, et les sources, gênées dans leur écoulement, s'échappaient par les issues que le hasard avait laissées libres.

On essaya à diverses époques, mais en vain, de remonter à l'origine des sources et de découvrir la pensée qui présida à leur aménagement.

En 1822, notamment, on conçut le projet d'établir un plan hydrographique de Plombières, et de se rendre un compte exact des travaux romains dont on appréciait toute l'importance, sans pouvoir en préciser les détails : mais la tâche était trop vaste. Avançant dans une région inconnue, on s'aperçut bientôt, et dès les premiers pas, qu'on troublait profondément le régime des sources.

Où devaient conduire ces recherches? On avait d'ailleurs assez d'eau minérale pour les besoins de cette époque, et l'on s'exposait à des dangers sérieux dans un but, intéressant sans doute, mais qui n'avait pas alors un caractère suffisant de nécessité.

Cependant le nombre des étrangers appelés chaque année à Plombières par l'efficacité de ses eaux augmentait rapidement.

En 1856, l'Empereur Napoléon III vint à Plombières; il voulut que cette station thermale acquît un développement en rapport avec l'affluence croissante des baigneurs et avec son importance au point de vue médical. Il était dès lors indispensable d'augmenter le débit des sources minérales, et de remonter jusqu'à leur origine, de façon à les recueillir dans les meilleures conditions de température et de pureté.

Ces travaux de captage et d'aménagement, commencés à la fin de l'année 1856, et poursuivis pendant cinq années consécutives, ont amené l'exploration complète d'une station thermale enfouie sous la ville actuelle. La recherche des sources minérales, effectuée tantôt au travers des substructions antiques, tantôt au sein de la roche granitique, a mis en évidence quelques faits intéressants à des points de vue très divers.

Outre la question purement archéologique, outre l'étude des moyens de construction employés par les Romains, la minéralogie, la géologie, l'histoire des sources minérales comparée à celle des filons métallifères, ont trouvé dans ces travaux des sujets d'observations dont quelques-uns ont été déjà répandus, à notre insu, parmi les sociétés savantes pendant que nous poursuivions le cours de nos recherches.

Notre présence constante sur les lieux nous a permis de donner à l'examen des propriétés physiques des sources minérales un caractère de continuité qui manque bien souvent aux recherches de ce genre : les températures, les débits, ont été constatés à des intervalles réguliers et pendant le cours de plusieurs années; les gaz libres ou dissous dans les eaux minérales ont été l'objet d'expériences réitérées et faites au griffon même de chaque source ; l'action des eaux minérales sur les matières terreuses ou métalliques exposées à leur contact, déjà révélée par l'étude des substructions romaines, a fait l'objet de recherches spéciales ; nous avons pu suivre sur place le développement des végétations spontanées propres à ces eaux minérales.

Tous les caractères extérieurs des sources minérales de Plombières nous étaient donc parfaitement connus. Mais nous éprouvions le désir de voir établir avec le même soin la constitution chimique de ces sources qui, pour la plupart, s'offraient à nous dans des conditions de pureté inconnues jusqu'alors, et dont plusieurs étaient tout à fait nouvelles.

Nous avons été assez heureux pour obtenir la collaboration de M. J. Lefort, membre de la Société d'hydrologie médicale de Paris, déjà connu par de nombreux travaux sur les eaux minérales. Après s'être rendu sur les lieux pour faire sur place toutes les expériences indispensables dans des recherches de ce genre, M. Lefort a poursuivi à Paris les travaux de laboratoire pour lesquels nous nous étions empressé de recueillir nous-même et de lui envoyer de Plombières les échantillons do ntl'origine ne pouvait être suspectée.

Telles sont les études que nous avons entreprises de concert, en vue de fixer nettement l'état actuel des sources minérales de Plombières, et que nous présentons comme le résultat de notre collaboration active autant que cordiale.

Plombières, 1er septembre 1861.

L'INGÉNIEUR DES MINES

Chargé du captage et de l'aménagement des sources minérales de Plombières,

P. JUTIER.

ÉTUDES

SUR LES

EAUX MINÉRALES ET THERMALES

DE PLOMBIÈRES

PREMIÈRE PARTIE.

PLOMBIÈRES, SES SOURCES ET SES EAUX MINÉRALES.

CHAPITRE PREMIER.

CONSIDÉRATIONS GÉNÉRALES SUR L'ORIGINE GÉOLOGIQUE DES SOURCES MINÉRALES DE L'EST DE LA FRANCE.

Les départements de l'est de la France présentent, dans un cercle restreint, des sources minérales de nature très diverse qui occupent une place importante dans l'hydrologie : il suffit de citer Bourbonne, Niederbronn, Soultz-les-Bains, comme types de sources chlorurées et fortement minéralisées, les unes chaudes, les autres froides ; Soultzmatt, Soultzbach, Bussang, comme sources bicarbonatées et à minéralisation moyenne ; Contrexéville comme type de source sulfatée calcique ; Plombières comme type de sources à très faible minéralisation, à haute température et d'une espèce peu répandue ; Bains, Luxeuil, comme eaux thermales d'une nature indécise, puisque nous les trouvons classées, tantôt parmi les sources chlorurées sodiques, tantôt parmi les sources sulfatées sodiques, tandis que pour nous elles se rattachent intimement aux sources dont Plombières forme le type, et dérivent de la même origine géologique (1).

Nous retrouvons donc, dans cette région, à peu près tous les types essentiels des eaux minérales, à part les sources sulfureuses. Leur rapprochement permet de les comparer entre elles avec plus de sûreté qu'on ne le peut faire généralement, lorsqu'il s'agit de stations thermales éloignées les unes des autres ; les analogies sont plus nettes, les différences plus tranchées ; on peut, en étudiant la structure géologique de ces contrées, rattacher à une même origine des sources dont les propriétés offrent des dissemblances marquées.

Avant de nous occuper spécialement de Plombières, nous jetterons un coup d'œil d'ensemble sur ces différentes séries, afin de bien préciser leurs caractères ; cet aperçu fera mieux ressortir la nature de cette station thermale et l'intérêt qu'elle mérite à tous égards.

§ I. — Sources diverses de l'est de la France.

Niederbronn, Soultz-les-Bains, Chatenois. — Ce sont des sources chlorurées sodiques presque froides (2), qui jalonnent en quelque sorte, sur le versant oriental du massif des Vosges, dans le Bas-Rhin, la limite occidentale de la

(1) Les sources de Plombières, que l'on pourrait désigner sous le nom de *sources granitiques*, présentent de nombreux sujets de rapprochement avec celles de Néris (Allier), et d'Évaux (Creuse). On trouve à Néris, comme à Plombières, des filons de spath fluor auprès des sources minérales.

(2) Leur température excède de 6 à 7 degrés la température moyenne du sol et des sources non minérales du voisinage.

grande faille qui a créé la vallée du Rhin. Sur cette même ligne, et placée entre les alluvions de la plaine et les montagnes proprement dites, court du nord au sud une bande étroite de collines, formées de terrains d'âges divers, parmi lesquels apparaissent fréquemment les terrains du trias, et notamment les marnes irisées, gisement habituel du sel gemme.

Soultzmatt, *Soultzbach*. — Ces sources, situées sur le même alignement que nous venons de définir et à peu de distance de Colmar, appartiennent aux bicarbonatées, et sont caractérisées par la présence abondante de l'acide carbonique et du bicarbonate de soude. Elles ont toutes les propriétés des sources volcaniques dont l'Auvergne nous offre tant d'exemples et dont Vichy est le type principal.

En regard, sur l'autre rive du Rhin, se trouve le massif volcanique du Kaiserstuhl, dernière trace, vers le sud, des forces éruptives qui ont agi si puissamment sur les rives du Rhin. On n'hésitera pas sans doute à voir sur une moindre échelle, à cette extrémité de la France, une analogie remarquable avec les sources bicarbonatées si fréquentes en Auvergne et les volcans éteints qui les avoisinent.

Bussang. — Arrivons à Mulhouse, et franchissons la chaîne des Vosges par la route de Thann à Remiremont : nous voyons, près des sources de la Moselle, au milieu d'un vaste massif granitique recouvert par le terrain de transition, la source de Bussang qui se rapproche des précédentes par ses caractères essentiels de source froide, bicarbonatée sodique. Mais le sulfate de potasse qui s'élevait au minimum à $0^{gr},11$ par litre dans les deux sources précédentes sur une quantité de résidu fixe de 4 grammes, disparaît pour faire place aux sels de soude, et ce caractère établit un lien et une sorte de transition avec les sources minérales dont Plombières forme le centre.

Saint-Vallier, Heucheloup, Vittel, Outrancourt, Contrexéville, Martigny. — Avançons plus loin encore vers l'ouest, au delà du terrain du grès bigarré occupé par les sources de Plombières, de Luxeuil, de Bains, et nous découvrons

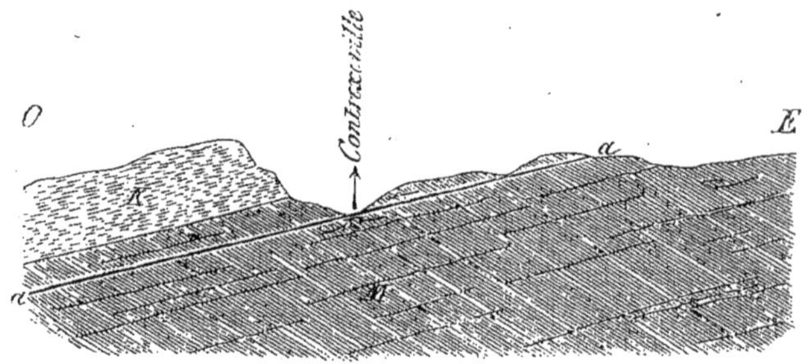

K. Marnes irisées (couches de marnes et d'argile).

M. Muschelkalk (couches de calcaire avec lits de marne).

a, a. Couche d'argile plastique séparant les eaux d'infiltration superficielle des eaux d'infiltration profonde donnant naissance, les premières au ruisseau du Vair, les deuxièmes aux sources minérales de Contrexéville.

vrons vers l'ouest une série de sources minérales dues à une cause tout à fait différente. Les sources froides de Saint-Vallier, de Heucheloup, de Vittel, d'Outrancourt, de Contrexéville, de Martigny et quelques autres de moindre importance, sont toutes placées sur le terrain du muschelkalk, formation calcaire, et tout auprès de la limite de la formation argileuse des marnes irisées qui les recouvrent. Cette identité de position sur une ligne onduleuse de plus de 50 kilomètres d'étendue, indique assez la similitude d'origine de ces sources sulfatées calciques : leur analyse chimique, leurs caractères extérieurs, viennent appuyer cette similitude dans les moindres détails, et il n'est pas douteux que ces sources sont le résultat d'une lixiviation très superficielle des terrains avoisinants, comme le témoigne leur faible température, et comme il serait facile de l'établir par un examen plus approfondi des terrains qui leur donnent naissance.

La coupe géologique ci-dessus représente l'origine géologique commune à toutes ces sources. Elle donne l'explication d'un phénomène remarquable, et surtout bien accusé à Contrexéville et à Vittel : nous voulons parler de ces sources froides non minérales, très abondantes, qui surgissent tout à l'entour des sources minérales et dans des conditions presque identiques en apparence, bien qu'elles n'aient avec elles aucune relation directe.

Bourbonne. — Un peu plus au sud, et précisément dans la même position géologique, se trouvent les sources bien connues de Bourbonne-les-Bains, sources chlorurées sodiques, fortement minéralisées, contenant près d'un gramme par litre de sulfate de chaux. Leur haute température témoigne assez qu'elles ont un tout autre point de départ, bien qu'elles proviennent sans doute des mêmes causes générales qui occasionnent l'émergence des sources sulfatées froides citées plus haut. L'étude des terrains sédimentaires et celle de la composition chimique de ces sources minérales, en apparence si diverses, permettraient peut-être de montrer dans Bourbonne comme un point de contact reliant les sources de Contrexéville aux sources de Plombières, de même que Bussang unit celles-ci aux sources volcaniques de Soultzmatt et de Soultzbach, et de faire dériver les unes comme les autres d'une même cause générale, modifiée dans ses résultats par la structure géologique de la surface de la terre.

Ces principes étant posés, il s'agit maintenant d'examiner les sources minérales dont Plombières forme le centre, et qui doivent nous occuper plus spécialement. Ces sources sont, après celles de Plombières, les sources de la Chaudeau, de Bains, de Luxeuil, de Fontaines-Chaudes et du Reherrey.

§ II. — Sources de Plombières, Luxeuil, etc.

Si l'on jette les yeux sur la carte géologique placée à la fin de ce mémoire (1), et qu'on examine les terrains situés au-dessous d'une ligne tirée vers le nord-est à partir de Remiremont, une large teinte bleue indique le terrain de grès

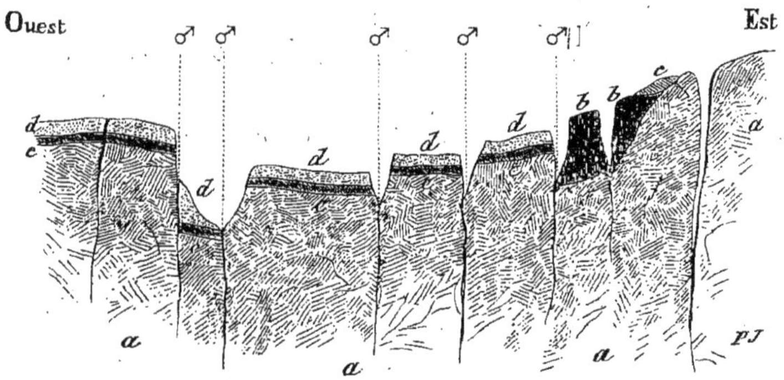

a. Granite. — b. Grès rouge. — c. Grès vosgien.
d. Grès bigarré. — ♂. Source minérale.

bigarré qui est venu s'appuyer sur le granite, dont il est séparé par une couche de grès vosgien très mince vers les affleurements, dans la région dont il s'agit.

Plusieurs vallées, courant parallèlement du nord-est au sud-ouest, séparent ce plateau, naturellement incliné vers

(1) L'extrait que nous publions a été emprunté à l'excellente carte géologique dont le département des Vosges est redevable à M. de Billy, inspecteur général des mines.

le sud, en tranches qui s'abaissent à mesure qu'on va de l'est à l'ouest, et une coupe dirigée en ce sens offrirait le diagramme représenté par la figure ci-dessus.

Chacun de ces plateaux présente une surface monotone, peu accidentée, contrastant avec l'aspect des vallées qui les séparent.

Les ondulations en sont si lentes, que les ruisseaux s'arrêtent et forment de vastes tourbières, jusqu'à ce qu'ils aient rencontré les ravins qui les appellent dans les vallées profondes de la Semouse, du Coney, de l'Eaugronne, etc.

Ces vallées, rectilignes, aux pentes abruptes, creusées dans le granite, séparant des plateaux situés à des hauteurs différentes sur le bord même de chaque vallée, présentent le type le mieux accusé des vallées de fracture.

Du côté du sud, dans le département de la Haute-Saône, les terrains anciens disparaissent promptement ; les terrains plus modernes s'étalent à la surface du sol : leur brusque séparation indique une autre ligne de rupture perpendiculaire à la précédente et fort bien indiquée par le relief du sol, surtout à l'issue de la vallée de Plombières.

Mais le grand axe de dislocation continue à faire sentir son influence au delà de cette séparation.

Les terrains du département de la Haute-Saône sont en quelque sorte hachés de failles dirigées dans le même sens, c'est-à-dire du nord-est au sud-ouest.

La Saône recueille successivement les cours d'eau formés dans tout ce bassin brisé par une même convulsion du globe, en marquant la direction moyenne du soulèvement. L'Oignon, depuis Château-Lambert, jusqu'au delà de Montbozon, suit exactement la même direction à 30 kilomètres de distance moyenne, et sur une longueur de plus de 80 kilomètres.

Le dessin ci-dessous rend très sensible la direction identique de ces vallées de fracture.

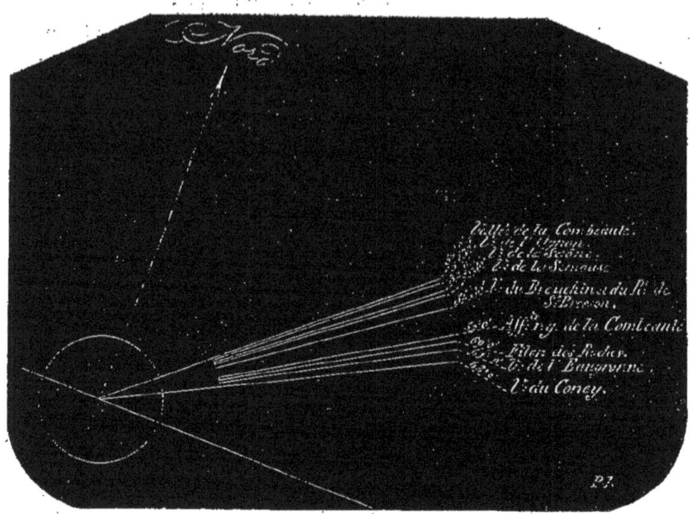

On peut suivre ces lignes parallèles de fractures jusque dans le département de la Côte-d'Or, et l'on retrouve encore auprès de Dijon, c'est-à-dire à plus de 160 kilomètres de Plombières, un pointement granitique résultant de la même cause géologique, et analogue à ceux que l'on observe dans le département des Vosges (1).

Le tableau ci-après présente le relevé des angles que forment avec le méridien toutes les vallées qui se trouvent dans cette région.

(1) Note de M. de Billy, *Comptes rendus de l'Académie des sciences*, t. XLII, séance du 19 mai 1856.

Angles avec le méridien (1) *des principales vallées situées sur la rive gauche de la Moselle* (*Vosges et Haute-Saône*).

DÉSIGNATION DES VALLÉES.	INDICATION DES POINTS ENTRE LESQUELS ON A PRIS LA DIRECTION.	LONGUEUR en kilomètres.	NOMBRE de degrés.
Vallée de l'Eaugronne. .	De l'origine à la Semouse.	20,00	61°
— de la Semouse. .	De l'origine à la Chaudeau.	14,00	52° 30′
— de la Combeauté .	De Faymont à Fougerolle.	12,00	50°
— — affluents de la rive gauche	Direction prolongée jusqu'au Reherrey.	18,00	59°
— du Breuchin et du ruisseau de St-Bresson.	Direction de la vallée de Luxeuil (le Breuchin) prolongée jusqu'à l'origine du ruisseau de St-Bresson	11,00	54° 30′
— du Coney	De l'origine à son embouchure dans la Saône, à Corre	25,00	63°
— de l'Oignon . . .	De l'origine jusqu'au delà de Montbozon	70,00	39° 30′
— — . . .	Villersexel à Perouse. . .	38,00	50° 30′
— de la Saône . . .	De Gray à Port-sur-Saône.	53,00	52°
Filon des Roches. . . .	Dans la vallée des Roches.	2,60	60°
Vallées de l'Eaugronne et de la Lanterne.	De l'origine de l'Eaugronne jusqu'à l'embouchure de la Lanterne	44,00	47°
— de l'Eaugronne, de la Lanterne et de la Saône. . .	Direction moyenne. . . .	100,00	47° 30′

Cette grande dislocation du sol, si puissamment accusée, se rattache au soulèvement de la Côte-d'Or, qui

(1) Il s'agit du méridien passant par Paris. Ces angles ont été relevés sur les cartes de l'état-major.

est survenu avant celui des Alpes, des Pyrénées et des Apennins, mais qui est postérieur à la formation de la vallée du Rhin et au soulèvement des Ballons des Vosges.

C'est vers l'axe granitique formant la rive gauche de la Moselle, et constituant une ligne puissante de résistance, que la fracture a dû être la plus forte. C'est en effet dans cette région, occupée par le grès bigarré, que les vallées sont le mieux accusées, et à chacune des lignes de rupture a tout de suite répondu une émergence d'eau minérale (1).

Plombières. — La station thermale de Plombières marque la vallée centrale. Cette vallée est ouverte, sur la plus grande partie de sa hauteur, dans le granite. Au-dessus de celui-çi se trouve une couche assez mince de grès vosgien supportant le grès bigarré, qui s'étend au loin sur les plateaux voisins.

Ce granite porphyroïde est facilement reconnaissable aux grands cristaux blancs d'orthose qui se détachent sur le fond grisâtre formé par le mélange de feldspath albite, de quartz et de mica noir, qui constitue le fond de la roche. L'amphibole, de couleur vert clair, disposée en petites masses fibreuses, est toujours associée au mica, et est, à nos yeux, un élément encore plus constant et plus caractéristique que les grands cristaux de feldspath, auxquels cette variété de granite doit son nom. Souvent cette amphibole se décompose, le peroxyde de fer est mis en évidence, et la roche prend un aspect ferrugineux.

Depuis le bas de la vallée jusqu'à l'extrémité supérieure de la ville de Plombières, ce granite porphyroïde est habi-

(1) Voyez à la fin de ce mémoire la coupe annexée à la carte géologique.

M. Thirria a très justement appelé l'attention depuis longtemps sur les relations de voisinage du granite et des sources minérales de cette région. (*Statistique géologique de la Haute-Saône*, par M. Thirria, ingénieur des mines, 1833.)

tuellement décomposé et transformé en arènes : au milieu de ces arènes quelques fragments de granite non altéré affectent la forme de boules sphéroïdales, composées à la surface de couches concentriques qui se détachent l'une après l'autre et mettent à découvert un noyau de plus en plus résistant.

Cette roche, identique sous tous les rapports avec celle qui forme le sommet des montagnes des Vosges, depuis Bussang jusqu'à Sainte-Marie-aux-Mines, change un peu d'aspect sur l'étendue de la promenade des Dames. Dans cette région elle présente plusieurs filons intéressants, d'une nature particulière, et tout à fait distincts des filons des sources minérales : la dolomie en forme l'élément principal ; elle sert de gangue à des veinules de fer oligiste micacé, et celles-ci enveloppent de beaux cristaux violacés de spath calcaire qui semblent leur servir de centre.

En haut de la promenade des Dames, au point où la vallée, jusque-là rectiligne, paraît se bifurquer, en donnant naissance à la vallée du ruisseau Saint-Antoine, le granite porphyroïde cesse et est remplacé par le granite ordinaire à grains fins.

C'est donc dans le granite porphyroïde que les sources de Plombières se produisent au jour, mais dans un point très voisin de sa séparation avec une roche d'origine différente (1).

Les terrains sédimentaires, c'est-à-dire le grès vosgien et le grès bigarré qui recouvrent le granite, ont subi des modifications plus ou moins profondes, dues, en général, à la pénétration de la silice dans toute la masse, et qui pa-

(1) Il est assez remarquable que la source du Boherrey ou de Chaudes-Fontaines, dont il sera question plus loin, se trouve dans une position géologique semblable, c'est-à-dire près de la ligne séparative des mêmes roches.

raissent résulter de l'action ancienne des eaux thermales de cette station.

Le grès vosgien, situé au contact immédiat du granite, est celui qui a subi la modification la plus complète et la plus curieuse. Nous avons souvent trouvé autour de Plombières d'énormes blocs complétement transformés en jaspe. Le grès a tout à fait perdu la structure arénacée ; elle est remplacée par une pâte siliceuse ornée de vives couleurs vertes et rouges.

Les galets arrondis de quartzites caractéristiques de cette formation ont seuls résisté à cette espèce de fusion ; quelquefois la place qu'ils occupaient est à peine reconnaissable, et on ne la distingue que par un léger changement de teinte accusant les contours. D'autres fois, le noyau n'a pas été atteint ; il conserve sa couleur propre et se fond par degrés insensibles dans la masse siliceuse et colorée qui l'enveloppe.

La Chaudeau. — A l'ouest de Plombières, existe la vallée de la Semouse qui s'étend en ligne droite jusqu'au delà de Gray, sur une longueur de plus de 115 kilomètres, après avoir reçu les eaux de l'Eaugronne, de la Lanterne et de la Saône. Près des forges de la Chaudeau et dans le lit même du ruisseau, jaillissent des eaux minérales dont les griffons, réunis sur un espace de quelques mètres carrés, fournissent ensemble, par vingt-quatre heures, plus de 200 mètres cubes d'eau à 23 degrés. Ces eaux tempérées, qui n'ont encore été l'objet d'aucune analyse, à notre connaissance, et qui ne sont point utilisées, présentent tous les caractères extérieurs des sources minérales de Plombières. Elles sortent du grès vosgien mais son épaisseur est très faible, comme il est facile de le voir sur le terrain, et le granite se rencontrerait, si l'on faisait un sondage, à une faible profondeur : sur ce point encore, l'émergence correspond à la ligne géométrique du thalweg, et elle se produit précisément au point où la vallée change brusquement de direction.

Bains. — Un peu plus à l'ouest, se trouve la vallée du Coney, semblable à celles de la Semouse et de l'Eaugronne ; les eaux minérales de Bains se rencontrent, non pas précisément dans le thalweg du Coney, mais dans celui d'un petit affluent (le Baignerot), au milieu d'un étoilement latéral, rendu très apparent sur la carte géologique, par l'affleurement du grès vosgien autour d'un pointement granitique, et qui dénote bien un centre particulier de rupture lié à la vallée du Coney.

La faible minéralisation, les caractères physiques ou chimiques des eaux de Bains, ont depuis longtemps établi leur presque identité (1) avec les sources de Plombières, mais au lieu de sortir du granite, elles traversent une petite épaisseur de terrain sédimentaire ; aussi voyons-nous apparaître une proportion plus notable d'oxyde de fer qu'à Plombières et une plus grande quantité de chlorure de sodium.

Dans cette localité, comme à Plombières, les Romains ont dû détourner le ruisseau pour isoler les sources minérales, et les thermes qu'ils ont construits ont également servi de base à ceux qui existent aujourd'hui.

(1) Nous rappelons de nouveau, et l'ensemble du travail le montre assez, que nous laissons tout à fait en dehors de nos appréciations la question médicale. Deux sources voisines, d'une origine assurément identique, peuvent offrir, par suite de quelques principes minéralisateurs, abondants sur un griffon, très rares à l'autre, des différences importantes au point de vue médical : nous pouvons citer comme exemples remarquables sous ce rapport, sans sortir de la région vosgienne, les diverses sources de Luxeuil et celles de Vittel, où des griffons éloignés de quelques mètres, et provenant incontestablement de la même colonne ascendante d'eau minérale, ont une composition chimique très différente.

Fontaines-Chaudes. — La quatrième grande ligne de rupture, qui est d'ailleurs la plus éloignée de l'axe de ce grand mouvement du sol, n'est pas marquée par une vallée, mais par une faille dont le bord occidental fortement relevé forme une saillie considérable sur le terrain, et met sur presque toute sa hauteur le grès vosgien à découvert. C'est précisément au pied de cette falaise que nous trouvons la source dite des *Fontaines-Chaudes*, source abondante, d'une température de 25°,4 centigr., complétement oubliée au milieu d'un bois, et qui par ses caractères physiques se rapproche beaucoup des eaux de Bains et de Plombières. Sa composition, d'après une analyse faite par M. A. Pommier, serait établie ainsi.

Pour 1 litre d'eau :

	Gram.
Chlorure de sodium.	0,10
Sulfate de soude.	0,22
Carbonate de chaux.	0,07
Sulfate de chaux.	0,03
Silice.	0,04
Principe arsenical.	bien accusé
Matière organique.	traces
Azotates, iodures, fer.	traces
	0,46

Luxeuil. — La vallée du Breuchin, parallèle aux précédentes, et située à l'est de Plombières, due évidemment au même accident géologique, devait avoir sa gerbe de sources minérales, et nous trouvons en effet Luxeuil pour la représenter. Mais, en ce point, l'émergence a lieu, non plus dans la région montagneuse et granitique, mais dans la plaine de la Haute-Saône, et l'eau minérale, avant d'arriver au jour, doit traverser une assez forte épaisseur de grès vosgien et surtout de grès bigarré.

Le grès bigarré contient dans toute sa masse une petite proportion de fer et de manganèse ; nous retrouvons ces principes dans l'eau minérale. La rapidité avec laquelle ils se déposent, dès que les eaux minérales circulent à l'air libre, témoigne de la facilité avec laquelle ils ont dû être enlevés à la roche par une eau thermale semblable à celle de Plombières, venant du granite inférieur et saturée du gaz acide carbonique dont les roches du voisinage sont tellement imprégnées, qu'il suffit de placer une éprouvette pendant quelques jours à la surface d'une roche de grès bigarré pour constater sa présence (1).

Sauf ces éléments dont nous venons d'indiquer l'origine toute superficielle, la silice et la soude forment comme à Bains, à Plombières et à Fontaines-Chaudes, les principes essentiels de la minéralisation des eaux de Luxeuil.

Le chlorure de sodium est cependant prédominant comme quantité : nous l'avions trouvé en proportion presque nulle à Plombières, où les eaux sortent directement du granite; très sensible à Bains, où les eaux traversent une petite épaisseur de grès vosgien et de grès bigarré ; il augmente et forme 33 pour 100 du résidu fixe à Luxeuil, à mesure que nous nous écartons du massif granitique et que l'épaisseur des terrains sédimentaires traversés par l'eau minérale augmente elle-même.

Allons un peu plus loin, et nous rencontrerons Bourbonne, groupe de sources thermales jaillissant au travers d'une grande épaisseur de terrains sédimentaires, et où le chlorure de sodium devient tout à fait prédominant.

Vallée de Fougerolles. — La vallée de la Combeauté,

(1) Observation due à M. Descos, ingénieur des mines.

Voyez, du reste, à l'article *Source ferrugineuse*, l'étude des relations qui existent entre les sources thermales et les sources ferrugineuses de cette région.

contiguë à celle de Plombières et où se trouvent Hérival et Fougerolles, est donc la seule où il n'existe pas actuellement de source thermale ; mais sur les rives du Gehar, sur les bords de la Fave, dans le voisinage de la cascade de Faymont, les argiles du grès rouge ont été profondément modifiées. Elles s'imprègnent de silice et passent au jaspe; leurs fissures sont tapissées de fer oligiste (1), et nous retrouvons les phénomènes qui sont associés dans les localités voisines à l'émergence des sources minérales contemporaines, comme pour témoigner de l'action qu'elles ont exercée jadis. L'énorme filon de quartz qui donne un aspect si pittoresque à la vallée des roches est encore aligné suivant la direction générale du nord-est au sud-ouest; il vient s'ajouter aux autres sujets d'analogie qu'il serait facile d'établir entre ces vallées, qu'on pourrait réunir sous la dénomination commune de *vallées à sources minérales* (2).

Chaudes-Fontaines. — Enfin, à 3 kilomètres à l'ouest de la vallée de la Combeauté, nous voyons une autre ligne de rupture, parallèle à la précédente, accusée par les deux ruisseaux qui viennent se jeter dans la vallée principale, l'un au val d'Ajol, l'autre à Fougerolles-le-Château. Si nous prolongeons cette ligne vers le nord, un peu au delà de la Moselle, elle nous conduit à la source thermale de Chaudes-Fontaines ou du Reherrey, qui n'a pas

(1) *Description du système des Vosges*, par H. Hogard, 1837.

(2) M. Hogard paraît avoir un des premiers présenté et très nettement indiqué cette relation possible de sources minérales anciennement existantes avec le filon des roches et avec les faits de métamorphisme que présentent les terrains de cette vallée. « Ne pourrait-on pas présumer, dit-il, que ces massifs de quartz ont été produits par des sources minérales qui tenaient en dissolution une grande quantité de silice gélatineuse. » (*Description du système des Vosges*, par Henri Hogard, 1837, p. 258.)

encore été analysée. L'eau de cette source ressemble à celles de Plombières, de la Chaudeau, etc., et jaillit comme la première, à la séparation du granite porphyroïde et du granite ordinaire ; sa température est de 23°,6 centigr.

§ III. — Filons associés aux sources thermales.

Cette direction si fortement accusée par les émergences d'eaux minérales ne s'éloigne pas trop de celle que nous voyons indiquée sur la carte géologique des Vosges, soit pour les filons de Château-Lambert, soit pour cette longue suite de filons métallifères, partant de Giromagny, aboutissant à Kruth (vallée de la Thurr), et qui semblent ne former qu'une seule ligne sur cette longue étendue de 20 kilomètres (1).

Mais le fait le plus remarquable par les conséquences que l'on en peut déduire, comme par le nouveau lien qu'il établit entre ces diverses sources thermales, et qui vient confirmer l'identité de leur origine, c'est qu'il n'est aucune d'elles qui ne se trouve directement associée, soit à de véritables filons métallifères, soit à des filons de substances telles que le quartz, la baryte ou le spath fluor, qui accompagnent habituellement les minerais et qui leur servent de gangue.

A Luxeuil, à Bains, le granite n'est pas à découvert; les griffons même des sources sont inabordables, puisqu'ils sont masqués par les constructions des bains. Mais la baryte existe fréquemment dans le grès bigarré, aux environs de Luxeuil ; à quelques pas de l'établissement on voit, dans la carrière de la saline, un filon vertical de

(1) Voyez la carte géologique des Vosges, par M. de Billy, inspecteur général des mines.

jaspe pénétrant jusqu'à la surface de ce terrain, en modifiant par des injections siliceuses les couches de grès avec lesquelles il est en contact.

Autour de Bains, la baryte se retrouve aussi fréquemment, tantôt tapissant de ses cristaux de belles géodes dans le granite, tantôt formant des nodules ou s'intercalant en couche dans les strates du grès bigarré. Le fer oligiste existe également dans cette localité, et fournit à la surface du sol des échantillons volumineux, bien que l'affleurement soit caché par les terrains superficiels.

Aux Fontaines-Chaudes, la baryte sulfatée se rencontre en cristaux volumineux sur les fentes des roches de grès vosgien, par lesquelles s'échappe l'eau minérale. Elle repose sur une couche mince d'aspect noirâtre, formée par un dépôt métallique.

Au Reherrey, la source minérale se trouve sur le prolongement d'un filon de quartz et de fer oligiste assez riche pour qu'on ait tenté de l'exploiter.

A la Chaudeau, on peut voir les fentes par lesquelles arrivent au jour les eaux minérales; elles sont également remplies par un dépôt cristallin de quartz et de baryte.

Plombières est, parmi toutes ces localités, la seule où l'on ait eu l'occasion de poursuivre les sources minérales jusqu'au sein de la roche granitique qui les produit. Bien que ces recherches aient été limitées à une faible profondeur, elles ont donné les résultats les plus intéressants, en montrant que chaque émergence distincte était en quelque sorte attachée à un filon particulier. Le spath fluor, le quartz, l'halloysite, sont les minéraux les plus habituels de ces filons; le sulfate de baryte, que nous avons signalé auprès des autres sources minérales, se retrouve également sur les parois granitiques des sources de Plombières, et montre, pour ainsi dire, le canal d'où s'est échappée cette matière pour former dans le grès vosgien et dans le grès bigarré qui couronne les plateaux du voisinage, les dépôts cristallins qu'on y rencontre fréquemment. Nous donnerons plus loin quelques détails sur ce sujet, et sur les formations contemporaines de zéolithes, de silicates terreux ou métalliques qui forment une sorte de transition entre les phénomènes produits pendant la période géologique et ceux dont nous pouvons observer la formation journalière.

CHAPITRE II.

CLASSEMENT DES EAUX MINÉRALES DE PLOMBIÈRES.

§ I. — **Division ancienne des sources.**

La tradition locale et la science se sont depuis longtemps accordées à ranger les sources minérales de Plombières en deux classes constituant en apparence deux espèces distinctes (1).

Les *eaux savonneuses* ou *tempérées*.

Les *eaux chaudes* ou *thermales*. Ce classement est très nettement établi dans les ouvrages anciens, et notamment dans le *Traité historique* de dom Calmet (2). Il a été adopté dans tous les ouvrages spéciaux, et même dans les études les plus récentes faites sur la station thermale de Plombières.

Ce fut Alliot, médecin du roi Louis XIV, qui, en 1693 ou environ, mit en vogue ces eaux savonneuses décou-

(1) Non compris la source ferrugineuse qui n'a été mise en évidence que vers la fin du XVIIIe siècle, et qui est tout à fait différente des sources thermales.

(2) *Traité historique des eaux et bains de Plombières, de Bourbonne, de Luxeuil et de Bains*, par le R. P. dom Calmet, abbé de Senones. Nancy, 1748.

vertes par Rouveroy ; et c'est à lui par conséquent que nous devons attribuer l'honneur de cette classification si fidèlement suivie jusqu'à ce jour.

Suivant dom Calmet, qui était sans doute de ces gens au palais très sensible (*delicatulis palatis*), dont parle Querlonde « les eaux savonneuses froides, passant sur » un savon naturel, se trouvent imprégnées de parties » fluides, douces, balsamiques, veloutées (1). » Elles étaient déjà censées jouir de propriétés particulières, à ce point que le même auteur donne la liste des maladies pour lesquelles elles paraissent avoir des vertus spéciales. Il cite comme digne de remarque l'opinion d'un habile médecin d'après lequel le mélange des eaux savonneuses avec les eaux chaudes serait très avantageux.

L'origine de cette désignation n'a rien de douteux, et dom Calmet nous renseigne encore parfaitement à cet égard. C'est auprès de ces sources que l'on pouvait surtout observer une matière minérale assez peu répandue, et désignée par les minéralogistes sous le nom d'*halloysite* (2).

(1) *Loc. cit.*, p. 189.

(2) Cette matière, analysée par M. Nicklès sur les échantillons que nous lui avons confiés, et à laquelle il a cru pouvoir donner le nom de *saponite*, déjà appliqué à une espèce minéralogique différente, n'est qu'une des nombreuses variétés de la substance désignée par les minéralogistes sous le nom d'*halloysite*.

M. Nicklès a trouvé que sa formule était :

$$3(SiO^3), Al^2O^3, 12HO.$$

Et sa composition centésimale, lorsqu'elle est anhydre :

Acide silicique	64,47
Alumine	29,29
Sulfate de chaux	5,61
Potasse, magnésie, fer, chlore et perte.	0,63
	100,00

D'après nos analyses, il convient d'ajouter à ces substances, d'abord

Cette substance, douce et onctueuse au toucher, blanche et traversée de couleurs variées du noir jusqu'au rose tendre, paraissant s'amollir et se fondre sous les doigts lorsqu'on la pétrit sous l'eau, a tous les caractères extérieurs du savon.

Le nom vulgaire de *savon minéral*, qui lui est donné par les plus anciens auteurs, lui convient donc parfaitement, et sa présence sur le passage des eaux minérales au sein de la roche vive ne pouvait manquer de frapper les esprits les moins attentifs.

Du reste, ce classement n'a pas été accepté sans protestation. Le Maire avait déjà prétendu « que ces eaux ont » une même origine avec les eaux chaudes, et que les » effets des unes et des autres ne sont pas aussi différents » qu'on se l'imagine. » Et dom Calmet après avoir enregistré en quelque sorte l'opinion généralement admise de son temps, d'après laquelle « ces eaux savonneuses au» raient des qualités toutes différentes de celle des eaux » chaudes, et seraient regardées comme des eaux minérales » d'une nature spéciale et différente de celles des eaux » chaudes, » combat cette opinion, et résume en peu de mots, avec une parfaite justesse d'expression, la véritable nature des eaux minérales de Plombières, en émettant l'avis que « les eaux chaudes et les savonneuses ne diffèrent que du plus au moins. »

En fait, toute source thermale à température modérée était rangée à priori parmi les sources savonneuses, et l'on n'avait pas à rechercher d'autre caractère pour leur attribuer cette dénomination.

du bioxyde de manganèse, ensuite des traces notables d'arsenic, et enfin du silicate de manganèse qui colore quelques échantillons en rose, de la même manière que la nontronite et la delanouite, appartenant également à l'espèce halloysite.

§ II. — Division actuelle des sources.

Nous conserverons donc parfois cette désignation, après avoir établi sa valeur, puisqu'elle est consacrée par la tradition; toutefois le classement des sources dans l'ordre de leur température nous semble plus rationnel à tous égards ; c'est d'ailleurs le meilleur moyen de se rendre compte des richesses hydrominérales de Plombières, au point de vue de l'aménagement et de l'emploi des eaux, et c'est cette classification que nous suivrons de préférence lorsque nous aurons à résumer l'état des sources de cette station.

Les sources *anciennes* appartenant à l'État étaient disposées les unes au sol même, ou dans le voisinage de la grande rue, les autres sur les côtés de la vallée.

Les premières étaient, sous tous les rapports, les sources les plus importantes. C'étaient, en procédant de l'aval à l'amont :

La *source des Capucins*,
* (1) — *d'Enfer*,
* — *du Bain romain*,
— *du Crucifix*,
* — *de Bassompierre* et les *sources réunies*.
* Les *sources nouvelles de la rue.*
La *source des Dames.*

Les sources situées sur les côtés de la vallée étaient :

Sur la rive gauche,

La *source Müller*.

Sur la rive droite, derrière le Bain impérial :

(1) Nous marquons du signe * celles de ces sources qui n'existent plus aujourd'hui.

La *source Simon*,

* — *savonneuse de Luxeuil*,

* Les *sources savonneuses anciennes* et *nouvelles du jardin.*

Les sources *actuelles*, si on les considère au point de vue de leur distribution, peuvent être partagées en quatre groupes :

Les *sources impériales*,

— *de l'aqueduc du thalweg.*

— *de la galerie des savonneuses*,

— *isolées.*

1° *Groupe des sources impériales.*

Les sources situées à l'extrémité supérieure de l'aqueduc du thalweg, sous le sol des nouvelles étuves, ont été retrouvées pendant le séjour de l'empereur Napoléon III à Plombières. Ce sont les plus importantes de toutes, sinon par leur débit, au moins par leur minéralisation et par leur haute température. Elles représentent le type principal et le plus fortement accusé de l'eau minérale de Plombières. Leur découverte a marqué les premiers travaux entrepris dans cette localité par ordre de l'empereur ; nous proposons de conserver ce souvenir en donnant à ce groupe le nom de *sources impériales.*

Elles sont au nombre de trois :

La *source du Robinet romain.*

— *Stanislas* (1),

— *Vauquelin* (2).

(1) On se rappelle que c'est à Stanislas que cette station doit les seuls grands travaux d'amélioration faits dans ces derniers siècles, jusqu'à l'arrivée de l'empereur Napoléon III à Plombières.

(2) Vauquelin a fait sur les eaux minérales de Plombières un travail d'analyse chimique très-remarquable, surtout pour l'époque à laquelle il a été entrepris.

2° *Groupe des sources de l'aqueduc du thalweg.*

L'aqueduc du thalweg renferme dix-neuf sources, dans l'espace compris depuis le Bain tempéré jusqu'aux étuves nouvelles.

Ces sources sont désignées par des numéros dans l'ordre où on les rencontre lorsqu'on remonte l'aqueduc, et portent les numéros 1, 2, 3, 4, 5, 6, 7 et 8. La source *Mougeot* (1), qui est la neuvième, est la seule qui se trouve sur la paroi nord, et qui émerge directement du granite. La source du *Puisard* est située près de la source n° 1, au fond du puisard alimentaire des pompes du Bain impérial.

3° *Groupe de la galerie des savonneuses.*

La galerie des sources savonneuses a fait découvrir cinq sources qui sont également désignées par les numéros 1 à 5, dans l'ordre où elles se présentent à l'intérieur de la galerie.

4° *Sources isolées.*

Outre les anciennes sources des Capucins, des Dames, du Crucifix, Müller et Simon, quatre sources nouvelles sont venues augmenter le nombre des sources tempérées. Ce sont :

Les sources *Lambinet* et du *Trottoir*, sur le bord de la route impériale n° 57, dans le voisinage de la source Simon.

La source *Fournie*, dans une maison de la grande rue, vis-à-vis de la source du Crucifix.

La source *Bizot*, située, comme la source Müller, sur la rive droite de la vallée, mais à l'extrémité opposée de la ville.

Nous devons encore mentionner, comme faisant partie

(1) Nous proposons de lui donner le nom de ce savant si distingué et si modeste qui a laissé à Plombières et dans le département des Vosges les plus honorables souvenirs.

de la station de Plombières, la source *ferrugineuse*. Mais par sa position, comme par ses propriétés physiques et chimiques, elle est tout à fait distincte des précédentes : aussi fera-t-elle l'objet d'un chapitre particulier à la fin de ce mémoire.

En résumé, il existe actuellement à Plombières vingt-sept sources régulièrement captées, qui fournissent par minute 507 litres, et par vingt-quatre heures 730 mètres cubes d'eau minérale marquant depuis 11°,45 jusqu'à 69°,53; et enfin une source ferrugineuse débitant 6 lit.,58 par minute, ou 9mc,47 par vingt-quatre heures, à la température de 12 degrés.

Les sources tempérées et thermales ont été utilisées depuis une époque très reculée. Après avoir tracé succinctement l'historique de Plombières, nous jetterons un coup d'œil rétrospectif sur les travaux dont ses sources et ses bains ont été l'objet dans les siècles passés. Nous rendrons compte ensuite des travaux de captage et d'aménagement exécutés dans ces dernières années. Nous terminerons notre mémoire en présentant les expériences que nous avons faites pour établir à tous les points de vue l'état actuel des sources minérales de Plombières.

CHAPITRE III.

APERÇU HISTORIQUE SUR PLOMBIÈRES, SES SOURCES ET SES BAINS.

Époque gallo-romaine. — Bien que nous ayons découvert dans nos fouilles quelques ornements d'origine celtique et une monnaie qui date des campagnes de César (1), les sub-

(1) Frappée à l'effigie de Cantorix, chef de Tours, an 57 avant J.-C.

structions que nous avons traversées presque en tous sens et jusqu'à l'origine même des sources, sont incontestablement gallo-romaines, et il n'existe aucune trace de travaux antérieurs à cette époque. Mais il est peu vraisemblable que ces grands travaux datent des premiers temps de la conquête romaine, et les inscriptions prétendues contemporaines de César que l'on a signalées à Plombières comme à Luxeuil paraissent également suspectes.

Les médailles romaines les plus récentes que nous ayons trouvées sont de petits bronzes de Constantin II (année 337 après J.-C.) : ils établissent qu'à cette époque les bains de Plombières étaient florissants comme ceux de Luxeuil, dont l'histoire est mieux connue et dont ils ont dû, suivant toute apparence, suivre les destinées.

Destruction de Plombières. — En 451, les Huns, conduits par Attila, ravagèrent la ville de Luxeuil, et Plombières assurément partagea le même sort ; mais cette irruption n'était pas la première. Dès que les barbares franchirent le Rhin, Plombières, se trouvant sur leur passage, dut disparaître, comme tout ce qui témoignait la puissance civilisatrice des Romains.

C'est donc peut-être jusque vers la seconde moitié du IVe siècle, signalée par la grande invasion des Franks et par les victoires de Julien, que l'on doit reculer la date probable de cette dévastation, accompagnée du pillage et de l'incendie, comme l'attestent le charbon, les cendres mêlées aux ruines de l'étuve romaine et l'absence totale d'objets précieux au milieu de ces débris.

Une végétation abondante de hêtres et de noisetiers s'empara de cette solitude, et laissa sur le fond du Bain romain et de l'étuve antique les débris que l'on a rencontrés plus tard et dont nous avons nous-même recueilli les vestiges.

Est-il bien certain qu'Ambron, fils puîné de Clodion le

Chevelu, fit, vers l'an 484, réédifier les bains de Plombières? que la reine Walrade, au temps de Lothaire II, vint à Plombières vers l'an 888, et que l'on doive rapporter à cette origine la désignation de bain de la Reine, que portait au moyen âge le bain des Dames? que Plombières, en partie réédifié, aurait été détruit de nouveau par les nouvelles irruptions des Huns, qui, d'après les chroniques lorraines, ont marqué les années de 910 à 937 ? Ce sont là des questions que nous n'aborderons pas ici.

La vie agitée et brutale de ces premiers siècles n'est remplie que de catastrophes et de misères. On avait autre chose à faire, alors, que de s'occuper de bains et d'eaux minérales : l'histoire du pays, lorsqu'on l'interroge, ne répond que par des récits de guerre, de peste et de famines épouvantables.

Renaissance des bains de Plombières. — Le premier document historique sur Plombières, datant de 1293, est assez significatif sur ses destinées et sur l'utilité déjà reconnue de ses eaux thermales à cette époque, puisqu'il concerne le château construit par le duc de Lorraine Ferry III « pour défendre les baigneurs contre les méchantes gens » (1).

La fondation d'un hospice en 1390 (2) montre qu'on appréciait alors l'efficacité des eaux de ces thermes, et qu'on entrait dans une période plus calme.

Heureusement les travaux hydrauliques des Romains étaient indestructibles ; malgré la ruine complète de toutes les constructions extérieures, les sources minérales continuaient à alimenter les bains qu'ils avaient établis.

(1) « Ut defenderet balneantes a malis hominibus. »

(2) D'après Durival, la fondation de l'hospice remonterait même jusqu'à l'année 1303.

Il avait suffi d'enlever quelques déblais pour retrouver des piscines magnifiques et un ensemble de travaux dont l'aspect excitait une admiration bien légitime.

Voici en quels termes Thybourel nous rend compte de cette impression (an 1611) :

« Entre tous les vestiges que l'antiquité romaine nous a » laissés pour mémoire de son industrie, il ne se trouve » rien de si admirable que les bains de Plumières, car si le » Panthéon, le Colisée et tant de superbes édifices que » Rome et Vérone sont décorées, sont choses dignes d'ad- » miration, si est-ce que rien n'est à l'équipollent de nos » thermes qui sont d'autant plus admirables que leur » structure est permanente....

» ..... La façon (de ce ciment romain) se manifeste sy » copieusement adapté à Plumières par la réunion et sépa- » ration des eaux chaudes pour en former divers bains que » depuis l'église jusqu'au bout inférieur du village tout en » est plein, servant aussy d'empeschement à l'eau froide » de se joindre à la chaude. Mais la plus grande quantité » d'iceluy ne se descouvre que dessoub le pavé où il ad- » hère entre soy d'une telle composition qu'à peine la » pointe du marteau en peut esclatter quelque portioncule.»

Il faut arriver au XVIe siècle pour trouver les eaux de Plombières, ces eaux de plomb, comme on les appelait (*aquæ quasi plumbeæ*), dans toute leur vogue. On y vient, dit Fuchsius presque de tous les points de la terre ; les Allemands surtout s'y rendent en foule ; ils passent des journées entières dans les piscines, même dans l'eau brûlante du bain des Capucins « s'estimant alors, dit un auteur » contemporain, comme ayant fait peau neuve ». Après Camérarius (1540), Lebon (1576) et Montaigne (1580) ; Thybourel (1611), Berthemin (1609), Rouveroy (1696), nous fournissent des indications précises sur l'état des bains à cette époque. Nous les retrouvons tels que les Romains les avaient construits, enveloppés par cette épaisse couche de béton qui devait les protéger longtemps encore.

Le bain des Dames, de petite dimension, et situé un peu au-dessus du fond de la vallée, était le plus facile à remettre en état, et c'est en effet celui dont l'usage paraît remonter le plus loin.

Toute la vogue se portait sur la grande piscine romaine située au milieu de la ville, et qui a toujours marqué le centre des thermes. Le docte Camérarius, dans un charmant badinage de poésie latine, étincelant de verve et d'esprit, fait revivre à nos yeux le tableau que présentait alors la piscine romaine ; et quelques années après, Montaigne achève de nous initier aux détails de la vie que menait à Plombières l'étranger venu pour y prendre les eaux.

Bien qu'un passage mal interprété du poëme de Camérarius ait servi à répandre une opinion contraire, il ne paraît pas cependant qu'on ait jamais déblayé le Bain romain sur plus des trois quarts de sa longueur : il avait alors quatre-vingts pieds de long (1) (29 mètres), et pouvait, dans ces conditions, « contenir quatre ou cinq cents » personnes pour y baigner commodément (2). » C'était assurément plus qu'il n'était nécessaire pour les besoins du moment.

L'étuve sèche, disposée au-dessus du bain des Dames, était complétement ruinée : elle n'était utile que pour les habitudes de la vie romaine ; on ne songea point à la relever.

Quant à l'étuve romaine, dont on ignorait l'existence, on avait placé à la surface des remblais qui la cachaient une étuve déjà fréquentée au temps de Thybourel, et que

(1) Il s'agit ici des pieds de Lorraine, qui équivalaient à dix pouces anciens.

(2) Rouveroy, page 117, édition 1696.

Rouveroy considère comme fort antique. Cette étuve, qui s'est conservée jusqu'à nos jours sous le nom d'étuve Bassompierre (1), a empêché de poursuivre sur ce point des recherches semblables à celles que l'on avait faites ailleurs, et qui auraient eu le même succès.

La piscine située auprès et en aval de l'étuve romaine, n'étant point directement alimentée par une source thermale, demeura inconnue.

Le bain des Capucins, alors appelé bain des ladres, des goutteux ou des pauvres, avait été également découvert. Mais ces diverses dénominations montrent qu'il était abandonné aux indigents ou aux malheureux atteints de ces affections de la peau si fréquentes au moyen âge.

Le bain du Chêne avait été aussi reconnu et déblayé, mais on possédait ailleurs des piscines de grandeur plus que suffisante.

Depuis le passage du duc Henri II de Lorraine, à Plombières, en 1614, l'usage des eaux en boisson, qui n'était cependant pas inconnu auparavant, comme l'avancent à tort Rouveroy et dom Calmet, s'était beaucoup généralisé. Les eaux du bain du Chêne étaient très estimées pour cet emploi, mais elles débouchaient dans le fond de la piscine, et le puisage en était peu commode. On prit le parti de supprimer le bain du Chêne ; on obligea les eaux minérales à remonter dans un puits construit sur l'orifice des deux conduits qui les amenaient, et, l'on établit la buvette du Crucifix, au point et dans les mêmes conditions où elle se trouve maintenant. La construction des arcades a fait disparaître les dernières traces de ce bain.

(1) Cette étuve doit son nom à Charles-Louis, marquis de Bassompierre, qui fut fait maréchal de Lorraine et bailli des Vosges par le duc Léopold : il vint à Plombières en 1698, et fit reconstruire cette étuve, sur laquelle son nom demeura longtemps inscrit.

Découverte des sources dites savonneuses. — C'est encore à l'ardeur passionnée du XVIIe siècle pour les eaux minérales prises en boisson que l'on doit la découverte des sources savonneuses. Il était d'usage, après le traitement par les eaux thermales, d'envoyer les malades boire des eaux minérales froides. Rouveroy se désolait de n'avoir pas à Plombières même d'eau minérale froide à offrir à ses malades ; « après avoir par plusieurs années fureté les ro» chers, pour trouver le trésor qu'il cherchait depuis long» temps, » une fouille plus heureuse que les précédentes lui donna enfin, en 1680, une eau minérale froide, ou du moins très tempérée, sortant d'un gros filon de matière savonneuse.

Alliot, médecin du roi Louis XIV, prit ces eaux sous son patronage, en fit expédier à Paris et assura leur réputation. Rouveroy, arrivé au comble de ses vœux et se considérant comme l'heureux instrument d'une mission presque divine, « bénit la bonté infinie de la Providence qui a fait naître » cette eau froide minérale pour suppléer aux autres » incommodités auxquelles les eaux chaudes ne sont aucu» nement propres ni salutaires. »

A part la création de deux nouvelles étuves semblables à l'ancienne étuve Bassompierre, les bains de Plombières, comme la ville elle-même, ne subirent aucun changement de quelque importance jusqu'à l'arrivée de Mesdames, filles de Louis XV, et petites-filles du roi Stanislas (1761 et 1762).

Travaux de Stanislas. — Stanislas vint alors à Plombières : il fut frappé du contraste que présentaient, d'une part l'importance et l'utilité de ces eaux, de l'autre la disposition irrégulière et incommode de la ville et des bains ; son passage a suffi pour imprimer à Plombières une trace de cet aspect monumental si fortement accusé dans les villes principales de la Lorraine, reconstruites sous son règne.

Nous trouvons ici le nom d'un ingénieur des ponts et chaussées, nommé Deklier Delille, constamment attaché aux grands travaux qui se firent, à cette occasion, avec une rapidité bien remarquable pour cette époque, et qui se continuèrent pendant les années suivantes (1).

On créa dans un seul hiver, en place d'un pré marécageux et étroit, la promenade des Dames, et l'on y planta les tilleuls qui l'ornent encore aujourd'hui.

Une petite promenade fut également préparée à l'aval de Plombières, et il en reste encore les deux beaux tilleuls qui se rencontrent auprès de l'hôtel des nouveaux bains.

La route ancienne d'Épinal, difficile et montueuse, fut remplacée par la belle rampe que l'on suit encore lorsqu'on arrive à Plombières par Xertigny.

Plombières jouissait de ces embellissements et de la prospérité qui en résultait, lorsqu'une inondation plus terrible que celle de 1661 vint renverser une partie de la ville. Le 25 juillet 1770, la voûte dans laquelle s'engagent les eaux de l'Eaugronne fut obstruée par les débris qu'elles entraînaient. Les eaux, abandonnant leur lit, se précipitèrent par la rue principale de la ville et s'élevèrent jusqu'à la hauteur de plusieurs mètres. Plusieurs personnes furent noyées ; un grand nombre de maisons s'écroulèrent, leurs ruines vinrent remblayer tous les bains, et les sources elles-mêmes parurent un instant avoir disparu sous les décombres.

(1) Les détails que nous trouvons dans l'histoire de Plombières nous autorisent à penser que cet habile ingénieur eut une large part dans l'exécution de ces grands travaux d'intérêt public, qui ont éternisé en Lorraine le nom de Stanislas.

Cet affreux désastre semble avoir fermé pour Plombières déjà dévasté par l'incendie en 1498, en 1517, en 1590 ; par l'inondation en 1565, en 1661, en 1734, en 1740 ; par un tremblement de terre en 1682, la période des infortunes (1). Nous n'avons plus qu'à signaler les améliorations qui se sont succédé à de courts intervalles, en faisant disparaître à mesure les vestiges des travaux romains, jusque-là bien apparents.

En moins de deux mois, l'ingénieur Delille avait préparé les projets et les devis de la reconstruction de Plombières, et dès le 25 septembre de la même année, un arrêt du conseil du roi ordonna leur exécution immédiate sous sa direction.

Les façades des maisons situées en face des arcades (aujourd'hui rue Stanislas) furent réédifiées aux frais du roi, et la grande rue actuelle remplaça la rue étroite et tortueuse qui conduisait du haut de la ville au bain du Chêne et au Grand-Bain.

L'usage récent des pompes, dont l'importation à Plombières ne date que de l'année 1752, permettait d'organiser des bains autrement disposés que les piscines romaines. La maison de Rouveroy et quelques autres maisons adjacentes, situées entre le bain Romain et le bain des Capucins, ayant été enlevées par l'inondation, fournissaient un emplacement dont on s'empressa de profiter ; on y construisit (1772, 1773) le bain *Tempéré*, ainsi nommé parce que des tuyaux permettaient de régler la chaleur du bain

(1) Cette série de malheurs frappa si vivement l'esprit public, que les habitants de Plombières s'adressèrent à l'évêque de Toul pour demander la permission de célébrer annuellement l'anniversaire des jours de Quasimodo et de saint Thomas, apôtre, en vue d'être préservés de l'inondation et de l'incendie.

L'autorisation ecclésiastique, accordée à la date du 25 juin 1741, fixe l'anniversaire de saint Thomas pour les inondations, et le jour de Quasimodo pour les incendies.

plus facilement que dans les piscines romaines, où l'eau thermale se rendait toujours directement.

On retrouva et l'on détruisit alors la partie inférieure de l'ancienne piscine romaine, ainsi qu'un robinet de bronze d'une dimension extraordinaire, et les tuyaux de plomb qui s'y rattachaient.

La construction des arcades avait déjà fait reconnaître les deux émergences desquelles provient la source du Crucifix (1). Le bain Tempéré se trouvant insuffisant, on construisit bientôt le bain qui porte actuellement le nom de bain Impérial, sur l'emplacement de l'ancien couvent des Capucins, dont la construction remontait à l'an 1655.

Sauf le bain des Capucins, dont on avait masqué les constructions romaines par un nouveau revêtement de pierre de taille, tout en lui conservant sa forme, le bain Romain est longtemps resté le seul et dernier vestige apparent des thermes antiques. Quelques séparations de planches, établies sur les anciens gradins, et servant de cabinets, laissaient à découvert le milieu de la piscine, qui était commun à tous les baigneurs.

En 1838, on construisit à cette même place le nouveau bain Romain, tel qu'il existe maintenant.

Quant aux sources savonneuses qui n'étaient encore qu'au nombre de deux, au milieu du XVIIIe siècle (2), elles s'étaient singulièrement multipliées : les sources Simon, Müller, et les nouvelles Savonneuses avaient été successi-

(1) Il est digne de remarque que les agents du roi réclamèrent et maintinrent la possession de ces sources comme appartenant au roi, bien qu'elles eussent été mises à découvert par les fouilles d'un particulier travaillant dans sa maison. Cet exemple curieux montre qu'au moins dans cette partie de la France, les sources minérales, de même que les mines, étaient considérées comme sujettes au droit régalien.

(2) Didelot (1758). Ces deux sources étaient celles dites de Luxeuil et du jardin des Capucins.

vement mises au jour. Bien plus, beaucoup de propriétaires de maisons, en attaquant le granite pour s'agrandir, avaient fait jaillir des sources minérales plus ou moins tempérées, qui servent encore pour les usages domestiques. Il est heureux que la nouvelle législation permette d'arrêter ces entreprises, qui n'auraient pas tardé à porter un dommage réel au régime des eaux minérales de cette station.

§ I. — Nécessité des travaux de captage.

L'état des sources minérales de Plombières laissait fort à désirer et ne répondait pas à l'importance du nouvel établissement thermal. Les sources principales, dont on ignorait l'origine, étaient recueillies au sol de la Grande-Rue, au milieu de terrains de remblai, à des profondeurs peu considérables au-dessous du pavé. Il était presque impossible de garantir leur stabilité. A plusieurs reprises, on avait vu les eaux froides envahir même la puissante source du bain Romain (1), et l'effroi des habitants, lors de cet événement, en avait conservé le souvenir. Cet accident avait disparu, tantôt spontanément, tantôt à la suite de travaux faits presque au hasard, et heureusement réussis; mais rien ne permettait d'affirmer que le même fait ne se reproduirait pas dans des conditions plus graves: le peu que l'on savait sur le sous-sol de Plombières, et sur les conditions d'émergence des sources, était plutôt de nature à confirmer qu'à dissiper ces appréhensions.

Les sources des Dames, du Crucifix et des Capucins, bien que leur origine fût également inconnue, étaient les seules qui parussent assez bien caractérisées et placées, ou à peu près, à l'abri des influences extérieures.

(1) Notamment en 1772, 1773, le 4 germinal an XIII, le 14 et le 21 février 1824.

Quant aux sources dites savonneuses, elles étaient prises à la roche, il est vrai, mais leur émergence se trouvait précisément à la limite de la roche et des alluvions, c'est-à-dire dans la couche inclinée que suivaient nécessairement les eaux d'infiltration, sur les berges rapides de la vallée; aussi leur débit et leur température subissaient-ils rapidement l'effet des variations atmosphériques.

Des considérations d'un ordre plus grave rendaient nécessaire un travail complet de captage. Le débit total des sources minérales de Plombières, ne s'élevait qu'à 346$^{m.c.}$,23 en vingt-quatre heures; encore fallait-il déduire de ce chiffre 41$^{m.c.}$,4 pour la source des Capucins, dont l'eau était perdue pendant une partie de la journée, et n'entrait jamais dans la consommation générale, réglée par les cachets de distribution de bains; il fallait encore déduire une partie des sources du Crucifix et des Dames employées au service des buvettes.

Ce volume d'eau était suffisant pour les besoins habituels de l'établissement thermal de Plombières, mais il ne répondait plus à sa prospérité croissante et aux développements qu'on voulait lui donner (1).

(1) Le nombre de bains ou douches délivrés dans les divers établissements thermaux de Plombières, qui était, en 1851, de 39 996
était arrivé en 1859, à 72 483

Il se répartissait ainsi entre les divers établissements :

	1851.	1859.
Bain Romain.	6 206	10 792
— Impérial.	12 782	25 575
— Tempéré.	16 834	18 227
— des Dames.	4 174	7 345
Bains gratuits dans ces divers établissements.	«	544
	39 996	72 483

Les bains de vapeur ne sont pas compris dans ce tableau : il en a été administré 2582 en 1851.

Le nombre des bains et douches délivrés dans une seule journée, qui,

Il fallait donc tenter les derniers efforts pour remonter à l'origine des sources, afin de recueillir tous leurs produits, d'augmenter leur débit en même temps que leur pureté, et d'assurer leur conservation sur des bases définitives.

§ II. — Travaux récents (1856-1861).

En somme, Plombières était resté dans son ensemble à peu près tel que l'avait laissé les grands travaux dus à Stanislas.

Le premier séjour de l'empereur Napoléon III, en 1856, a marqué pour Plombières le commencement d'une ère de progrès et de rénovation, dont les traces ne pourront s'effacer. Chaque année fut signalée par de nouveaux bienfaits. Les grands travaux d'intérêt public reçurent sous la direction souvent personnelle de l'auguste souverain, et grâce à sa protection bienveillante, une impulsion rapide.

L'Empereur voulut qu'un nouvel établissement thermal vînt suppléer à l'insuffisance des anciens bains, et donner à cette station thermale une étendue en rapport avec son importance croissante.

Les sources et les établissements thermaux de Plombières appartiennent à l'État : une compagnie anonyme, formée sur les lieux, en reçut la concession pour un laps de temps de quatre-vingts années, à la charge par elle d'y introduire les améliorations nécessaires, et de créer de nouveaux établissements qui permettraient à la fois d'offrir au public des facilités encore inconnues à Plombières, et de

dans le passé atteignait bien rarement le chiffre de 1000, s'était élevé, le 8 août 1856, à 1164
le 21 juillet 1857, à. 1334
le 21 juillet 1859, à. 1226

développer l'usage gratuit des eaux minérales pour le service de l'assistance publique.

Les projets furent promptement élaborés, et le 22 juillet 1857, l'Empereur daigna poser la première pierre de ces vastes constructions.

Le discours prononcé à cette occasion par S. M. Napoléon III exprime la pensée de haute bienfaisance à laquelle sont dues ces nouvelles créations : c'est le souvenir le plus précieux que puisse conserver l'histoire de Plombières, et nous nous félicitons de pouvoir le reproduire en entier.

« Je suis heureux de satisfaire à votre désir de me voir » poser la première pierre du nouvel établissement de » bains qui doit contribuer, j'en suis convaincu, à la prospérité de Plombières. Ce lieu m'intéresse non-seulement » parce que tant de personnes y ont recouvré la santé, » mais surtout parce qu'il est le centre d'une population » qui m'a donné des preuves touchantes de sympathies et » qui a toujours été animée d'un vrai patriotisme. Je sou- » haite que tous ceux qui, comme moi, viennent se reposer » de leurs travaux, y trouvent de nouvelles forces pour » l'accomplissement de leurs devoirs et le service de la » patrie. Ce m'est un véritable regret de ne pouvoir pen- » dant mon séjour poser encore la première pierre d'un » autre monument plus important, celle de la nouvelle » église ; car, lorsqu'on a éprouvé du soulagement à ses » maux, il est juste pour toute âme chrétienne de témoi- » gner d'abord sa gratitude à la Providence. En effet, si ce » qui est mal vient des hommes, tout ce qui est bien vient » de Dieu. »

L'aspect de Plombières a été profondément modifié par les travaux qui ont été exécutés depuis cette époque.

Au-dessus de l'hôtel de l'Ours, la berge gauche de la vallée s'étendait jusqu'à l'Eaugronne, occupée par des jardins et par quelques maisons d'une salubrité douteuse. On coupa la base de la colline, et l'on put conquérir ainsi un espace suffisant pour donner place à la belle église gothique qui s'y élève actuellement, à la route impériale qui en dégage les abords, à de jolies maisons qui la bordent, et enfin à une salle d'asile.

Un peu plus haut, à l'entrée de la ville et sur toute l'étendue de la promenade des Dames, on rejeta l'Eaugronne dans un lit unique, agrandi aux dépens des rochers, et l'on supprima la dérivation que l'on avait créée en 1762 (1). Cette promenade, désertée le plus souvent à cause de la fraîcheur qui y régnait, se trouva assainie et transformée en une belle avenue.

La route de Luxeuil fut rectifiée devant les bâtiments de la gendarmerie, et mise en communication avec la route d'Aillevillers. On put ainsi débarrasser tout l'intérieur de la ville des inconvénients du passage des voitures, et favoriser en même temps la création de constructions neuves à la place des anciennes maisons qui se trouvaient dans ces parages.

Une voûte de 238 mètres de longueur jetée sur l'Eaugronne, au-dessous de la ville, permit d'avoir un espace

(1) C'est là, sur cette dérivation, que Fulton vint en 1804 faire l'essai public d'un petit modèle de ces bateaux à vapeur dont l'idée devait éterniser la mémoire du célèbre mécanicien. L'impératrice Joséphine se trouvait alors à Plombières, et tous les esprits étaient tendus vers les préparatifs gigantesques qui se faisaient à Boulogne.

Fulton, dans une expérience publique faite sur la promenade des Dames, exposa un petit bateau qui, à l'aide de deux roues à palettes placées sur les côtés, et mises en mouvement sans doute par un ressort, remonta seul le courant du ruisseau.

Telle est du moins la tradition locale. M. Figuier, dans son *Histoire des principales découvertes scientifiques modernes*, donne sur ce voyage de Fulton des détails un peu différents qui paraissent puisés à des sources authentiques.

suffisant pour établir les nouvelles constructions projetées.

Les thermes Napoléon III, disposés suivant l'axe de la vallée, sont encadrés entre les deux hôtels qui les accompagnent et constituent un ensemble d'un aspect tout à fait monumental.

En face, s'élèvent, sur la pente de la colline, les réservoirs qui doivent alimenter les bains. Un aqueduc souterrain met les réservoirs en communication avec le sous-sol des bains : il se prolonge sous la petite promenade, passe sous la rivière, suit la rue Napoléon III, arrive dans la région des sources principales, et aboutit aux étuves nouvelles, à la hauteur du bain des Dames.

En descendant la vallée, on trouve un peu plus loin le parc créé par l'Empereur en 1857, et devenu depuis cette époque la promenade habituelle des baigneurs.

Tel est dans son ensemble le programme des travaux arrêtés par l'empereur Napoléon III dans le cours de l'année 1857, et qui, grâce à son appui, ont pu être complétement achevés pour la saison thermale de l'année 1861.

CHAPITRE IV.

EXPOSÉ SOMMAIRE DES TRAVAUX ROMAINS.

Une vallée étroite, aux berges rapides, cachée au milieu d'un pays couvert de forêts, un torrent occupant le fond de cet encaissement de rochers, des eaux chaudes bouillonnant au travers des galets qui formaient le lit du torrent, voilà ce que les Romains trouvèrent en arrivant à Plombières.

Cette petite vallée attenante aux montagnes des Vosges, où les populations celtiques, refoulées par la conquête, devaient trouver si facilement un refuge et des moyens de résistance, ne semblait nullement appelée à devenir la base d'un établissement romain. La disposition des lieux n'était guère plus engageante; elle ne permettait pas de jouir des eaux thermales, à moins d'exécuter d'énormes travaux. Mais ces obstacles ne pouvaient décourager l'ardeur passionnée des Romains pour la création des établissements thermaux, ni leur empressement à couvrir de constructions utiles les contrées sauvages dont la conquête les avait rendus maîtres (1).

La station romaine de Plombières, placée dans un lieu étroit, difficile à défendre, impropre à tout agrandissement, mérite d'être citée comme preuve que les Romains n'ont négligé aucune des sources thermales de leur vaste empire, et qu'ils ont créé, même sur les plus reculées, des thermes dignes de l'admiration des siècles futurs.

Leurs travaux furent si bien conçus, si largement exécutés, que c'est grâce à eux seulement que nous pouvons même aujourd'hui disposer des eaux thermales; on en a toujours profité sans bien savoir jusqu'à quel point on leur en était redevable. L'action du temps, les efforts maladroits des hommes, encore plus redoutables dans leur ignorance, n'ont pu détruire leur efficacité; mais il fallait l'exploration complète du sous-sol à laquelle nous a conduit la recherche des sources, pour apprécier leur importance et pour pouvoir définir leur véritable rôle.

(1) Les eaux de Plombières étaient fréquentées par les Celtes avant l'époque gallo-romaine; au moins quelques débris de colliers, de verroteries, de boucles d'oreilles que nous avons découverts, ont été reconnus par M. A. Delacroix comme d'origine purement celtique, et tout à fait analogues à ceux qui se trouvent dans les tumulus de l'antique Alesia, aujourd'hui Alaise, près de Besançon. Mais, les préceptes religieux des Celtes leur défendaient les constructions permanentes, et c'est à ce motif que l'on doit sans doute attribuer l'absence de toute construction celtique au voisinage des sources thermales de cette localité.

Le torrent, dont les eaux se mêlaient aux eaux chaudes, fut emprisonné par les Romains dans un lit artificiel suspendu au rocher de la rive gauche et construit avec la solidité habituelle aux travaux de cette époque. Ce canal, de 6m,75 de large, commençait là où se trouve le pont de la route impériale n° 57, et se prolongeait jusqu'au n° 162 de la rue Napoléon III, où il se terminait brusquement par un déversoir (1).

Ce premier travail étant terminé, on se trouvait maître de cette étroite bande de sables et de galets où les sources thermales foisonnaient du fond et des côtés, et chacune d'elles fut très sagement appropriée à un usage déterminé.

Grande piscine romaine. — La plus abondante de toutes venait du fond, dans la région occupée par le bain Romain actuel ; elle s'étalait au travers des sables, en donnant lieu à de nombreuses émergences, et s'enfonçait en quelque sorte à mesure qu'on la poursuivait dans l'espoir de s'en rendre maître. Comment l'obliger à remonter au-dessus du sol pour alimenter les bassins?

Un radier de béton, de plusieurs mètres d'épaisseur, fut établi à la surface des alluvions, depuis le bain des Capucins jusqu'au bas des arcades. Au centre, on ménagea une immense piscine qui n'avait pas moins de 41 mètres de long sur 9 mètres de large, et pouvait contenir de 400 à 500 mètres cubes d'eau; puis on enleva toute issue aux eaux minérales, en fermant transversalement la vallée, à la hauteur de la source des Capucins, par un barrage de béton qui descendait jusque sur la roche, et s'appuyait contre le radier déjà créé. Les eaux minérales, refoulées par ce barrage, contenues par le radier horizontal, furent obligées de remonter par une cheminée ménagée à la tête du bain

(1) A 83 mètres en aval de la porte de la cour de la préfecture.

Romain; elles vinrent alors alimenter cette vaste piscine, qu'on a démolie pour construire à sa place, d'abord le bain Tempéré, et en dernier lieu le bain Romain.

Des rigoles de pierre de taille, placées au bas des coteaux, d'autres rigoles semblables circulant autour de chaque édifice, recueillaient les eaux pluviales et les empêchaient de se mêler aux eaux minérales.

L'Eaugronne, rejetée sur le flanc du coteau, était à un niveau trop élevé pour recevoir directement les décharges des bains. Un canal de 2 mètres de haut sur 0^{m},80 de large fut établi dans ce but au travers du béton, tout le long et en contre-bas de la rivière, sur sa rive droite : il traversait le barrage qui faisait refluer les eaux minérales, et venait aboutir dans l'Eaugronne, en aval du déversoir qui relevait le lit du ruisseau au-dessus du niveau des bains.

Bain des Capucins. — Une source assez abondante surgissait par une fente du rocher, dans le voisinage et en aval de la grande piscine. On procéda de la même façon pour l'utiliser. On fit une enceinte de béton sur le granite, de façon à fermer à l'eau toute issue sur les côtés; des radiers successifs de pierre de taille et de béton vinrent s'appuyer contre cette enceinte, de façon à écraser la source, à lui laisser une issue unique, ménagée dans le fond de la piscine et directement au-dessus de la principale émergence. Un robinet de bronze, formé de plusieurs emboîtements successifs, fut scellé sur cet orifice, et l'on put ainsi alimenter à volonté une piscine spéciale, sur laquelle a été calquée très exactement la piscine des Capucins.

Bains des Dames et du Crucifix. — Le plus difficile de la tâche était accompli. Les autres sources, situées en amont, se présentaient sur les côtés de la colline; elles avaient une altitude suffisante pour alimenter facilement les piscines disposées au niveau du sol de la ville romaine. Après avoir mis le granite à découvert, on étendit une couche épaisse de béton sur toute sa surface, autour des griffons; de petits canaux ménagés dans l'épaisseur de la maçonnerie, aboutissant aux principaux points d'émergence, réunissaient leurs produits à un centre commun, où se trouva dès lors fixée la source proprement dite.

C'est ainsi que furent constituées la source du Crucifix et la source des Dames, alimentant chacune une piscine spéciale, que l'on pouvait encore voir dans toute leur intégrité vers la fin du XVIIIe siècle.

Un aqueduc particulier de 60 centimètres de hauteur passant sous la rue, en face de la source du Crucifix, permettait de vider la piscine et aboutissait à l'aqueduc général de vidange dont nous avons parlé.

Étuve et piscine romaines. — Les sources les plus chaudes se trouvaient dans le haut de la ville, près de l'endroit où est située actuellement l'étuve Bassompierre. Les produits de plusieurs sources aménagées comme celles du Crucifix, mais d'une température plus élevée, furent amenés à un gradin saillant au milieu du côté nord de la piscine, et s'échappèrent par un robinet de bronze (1)

(1) Un robinet de bronze, beaucoup plus gros encore, placé sur un énorme tuyau de plomb, servait à la vidange de la piscine romaine, et se trouvait placé au fond d'une cheminée carrée construite en pierre de taille : tout cela fut enlevé en 1772, lors de la construction du bain Tempéré.

Nous avons reconnu tout récemment l'existence d'un robinet semblable au précédent, et qui commandait le tuyau de vidange des étuves romaines.

Ce tuyau de vidange est de plomb, et n'a pas moins de 0,21 de diamètre ; le robinet, d'une dimension proportionnée, est encore caché sous le sol.

de $0^{m},11$ de diamètre, que l'on pouvait ouvrir et fermer à volonté avec une clef de fer. Les produits de cette source s'écoulaient en partie dans de petits canaux de pierre de taille cachés sous le dallage, et servaient à l'échauffer. Une source spéciale (la source Stanislas) avait même été captée et destinée uniquement à cet usage. Les murs d'enceinte étaient construits en grandes briques creuses, de façon à arrêter toute action de refroidissement venant de l'extérieur.

Un peu au-dessous de cette étuve et en communication directe avec le bâtiment qui la couvrait, existait une piscine rectangulaire de 10 mètres de longueur sur $6^{m},70$ de largeur, remplie sans doute d'eau tempérée et où l'on pouvait se plonger après le bain de vapeur.

Étuve sèche. — Sur la même ligne transversale à la vallée, au-dessus du béton protégeant l'émergence de la source des Dames, était une étuve sèche (*laconicum*) dont l'hypocauste presque entier est encore en place, et a pu être visité par nous lorsqu'on a exécuté les travaux de rectification de la route impériale.

CHAPITRE V.

PREMIERS TRAVAUX D'EXPLORATION.

La topographie souterraine du Plombières romain, dont nous connaissons maintenant tous les détails, était complétement ignorée avant 1857, et cette circonstance menaçait d'offrir un obstacle sérieux aux travaux de recherches des sources minérales de Plombières.

Toutes ces substructions romaines étaient recouvertes de $1^{m},50$ à 2 mètres de remblais, sur lesquels s'était bâtie la ville moderne. L'eau minérale, que l'on recueillait presque à la surface, les avait naturellement protégées. On s'était aperçu en effet qu'une fouille faite en un point quelconque du sol agissait promptement sur les sources du voisinage, et l'on s'était abstenu d'entreprendre des travaux qui, exécutés isolément et sans plan bien arrêté, auraient pu être encore plus dangereux qu'utiles en troublant l'état du mouvement des eaux auquel on s'était habitué.

On conçoit d'ailleurs que l'eau minérale s'écoulant dans le sous-sol, au travers de ces maçonneries romaines d'une solidité prodigieuse, par les issues que le hasard avait laissées encore ouvertes, il devenait assez difficile de remonter à l'origine des sources, et l'on avait à craindre de s'égarer dans des travaux très dispendieux et sans résultat; des maisons à plusieurs étages s'élevaient autour de la grande rue, sur le sol de gravier occupé par les sources, et ne permettaient d'effectuer des fouilles qu'avec d'extrêmes précautions.

Ces motifs d'appréhension devinrent plus sensibles encore après les travaux d'exploration exécutés en 1857, en raison de la connaissance qu'ils procurèrent sur l'étendue et l'importance des substructions romaines; néanmoins ces premiers travaux avaient donné les meilleurs résultats.

Une première recherche entreprise en tête du bain Romain nous avait permis d'atteindre la nappe de gravier inférieure aux travaux antiques, de laquelle s'échappaient les sources d'Enfer et du bain Romain, et d'acquérir quelques notions sur leur gisement et leur débit encore très mal connus jusqu'alors.

En attaquant les sources dites sources réunies, nous avions été conduit à reconnaître l'existence de l'ancienne étuve romaine. Nous avons longé les fondations des maisons voisines par des galeries souterraines; nous avons immédiatement exploré les quatre côtés de cette étuve, et nous avons retrouvé le robinet de bronze placé par les Romains pour l'alimenter. Ce robinet portait encore la clef qui servait à le mouvoir, mais il était fermé et il interceptait l'issue ménagée à la source ; il nous fut possible de le faire tourner dans sa boîte, et il s'en échappa aussitôt un fort volume d'eau qui se régla au débit de 21 litres par minute et qui présentait la température tout à fait exceptionnelle de 73°,9 centigrades.

Le sol de l'étuve, exploré avec soin, paraissait caverneux en un certain point. On y enfonça un pic : l'eau jaillit avec force. Cette source, à laquelle nous donnerons désormais le nom de source Stanislas, est celle que les Romains avaient enchambrée précisément en ce point pour la faire circuler sous le dallage ; elle avait obstrué, remblayé ses canaux et se trouvait, en quelque sorte, prisonnière dans l'enchambrement même qu'on lui avait préparé : son débit se régla à plus de 6 litres par minute, et sa température était de plus de 70 degrés.

En même temps, d'autres reconnaissances partielles exécutées sur la source du Crucifix, sur la source des Dames, sur la source des Capucins, dans l'intérieur de la maison de M. Maljean, située entre le bain Romain et le lit de la rivière, complétaient l'exploration du sous-sol de Plombières.

Ces travaux nous fournirent les éléments nécessaires pour préparer le projet général de captage et d'aménagement des eaux qui a été adopté par l'administration supérieure.

Ce projet reposait principalement sur l'idée que nous nous étions faite des conditions d'émergence des sources minérales de Plombières, et dont nous devons d'abord présenter un aperçu.

§ I. — Bases du projet de captage.

L'ensemble des sources minérales de Plombières présente un caractère qui nous avait frappé et qui devint la base du projet de captage.

Les sources thermales se divisaient pour nous en trois classes :

1° Les sources *très chaudes* (62 degrés et au-dessus), sources du bain Romain, d'Enfer, du Robinet romain, Vauquelin, jalonnant en quelque sorte la ligne géométrique du thalweg sur une faible étendue, et paraissant venir de ses dernières profondeurs.

2° Les sources *chaudes* à température moyenne (49 à 55 degrés), sources des Capucins, du Crucifix, des Dames, sortant latéralement du rocher, presque au niveau du sol de la ville, et formant comme une ceinture autour des sources du thalweg.

3° Enfin les sources *tempérées* ou savonneuses (de 13 à 33 degrés), formant un cercle plus étendu, concentrique au précédent, et jaillissant des berges de la vallée à une hauteur de 8 à 20 mètres au-dessus du sol.

Cette disposition est trop régulière et trop remarquable pour être l'effet du hasard, et voici l'explication que nous en proposons.

La vallée de Plombières s'est ouverte par voie de fracture et de soulèvement, comme il arriverait à une épaisse dalle qui se briserait sous une pression exercée de bas en haut pendant qu'on maintiendrait ses extrémités, et les eaux minérales ont jailli du sein de la terre par la fente correspondant à cette rupture. La gerbe la plus forte a dû jaillir par le fond même de cette fente ; en même temps l'excédant des eaux a fait effort pour s'échapper par les fendillements latéraux qui aboutissaient, par le bas à la ligne principale de rupture, et par le haut à des points plus ou moins élevés sur les berges; mais ces fendillements doivent appeler et recueillir les eaux superficielles cherchant à pénétrer dans la masse fissurée du granite. Ces eaux d'infiltration rencontrent sur leur passage les colonnes ascendantes d'eaux minérales, et se trouvent ramenées à la surface après s'être mélangées avec elles.

En admettant cette théorie, on s'explique parfaitement pourquoi les sources tempérées sont à la fois les plus éloignées du centre et les plus élevées sur le coteau : elles forment une sorte de ligne de défense autour des sources principales, et rejettent au dehors les eaux superficielles qui tendent vers la ligne de rupture. Les sources chaudes, plus abondantes et d'une température plus élevée que les précédentes, ramènent au jour la portion des eaux superficielles qui, pénétrant plus avant dans le sein de la terre, aurait échappé à cette première barrière. Elles forment une deuxième enceinte, protégeant la pureté des eaux des sources provenant du thalweg même, qui représentent naturellement le maximum de la température et de la minéralisation.

La figure ci-après rend compte de ce mouvement souterrain des eaux.

Quelques expériences sur la quantité du résidu fixe obtenu par l'évaporation sont venues dès l'abord confirmer cette explication. Les analyses faites plus tard lui ont donné un nouveau degré de vraisemblance, en montrant que toutes les eaux thermales sont composées identiquement des mêmes principes, et que leur degré de minéralisation diminue en même temps que leur température, et presque dans la même proportion.

Cette théorie une fois admise, la nature des travaux qu'il

y avait à exécuter sur chaque groupe de sources s'en déduisait facilement.

Pour les sources savonneuses, il fallait entrer dans le granite par une galerie perpendiculaire à la vallée, ouverte au niveau le plus bas possible et en se plaçant à l'aval de

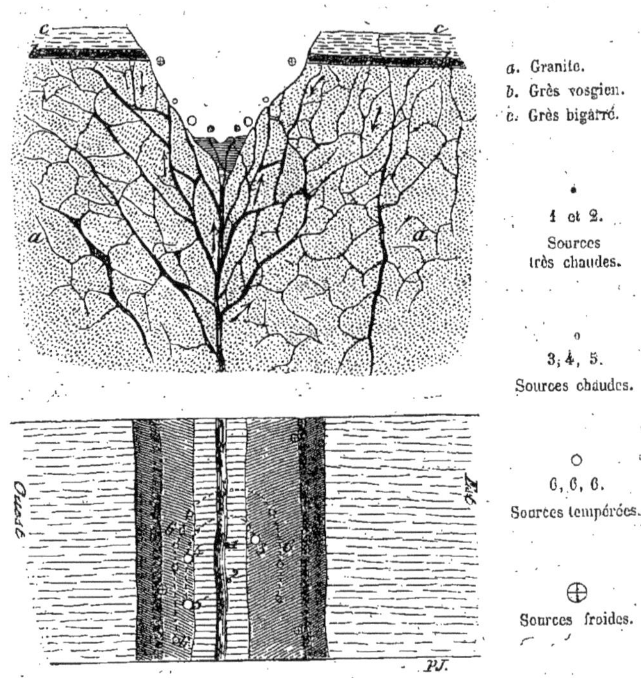

la région des sources, puis se retourner vers l'amont, et prolonger la galerie parallèlement à la ligne du thalweg. On devait ainsi rencontrer les cheminées latérales qui donnaient issue aux sources tempérées ; on avait l'espoir de recueillir les sources minérales venant de fond, et de les isoler des eaux d'infiltration qui devaient descendre, au moins en partie, par le dessus de la galerie.

Les anciennes sources savonneuses (sources du jardin,

de Luxeuil, etc.), quelque minime que fût leur débit, fournissaient des jalons pour fixer le trajet souterrain de la galerie.

Les sources chaudes latérales, telles que celles des Dames et du Crucifix, paraissant parfaitement captées par les Romains, et ayant échappé, par suite de leur niveau plus élevé, aux causes de dégradation qui avaient ruiné les travaux romains du thalweg, n'exigeaient pour le moment aucun travail particulier.

Quant aux sources du thalweg, il fallait pénétrer, s'il était possible, à la partie tout à fait inférieure, au point de rencontre des deux berges granitiques de la vallée, explorer cette espèce de gouttière en forme de V sur toute l'étendue des émergences d'eaux minérales. On serait à même de reconnaître toutes les sources venant, soit de fond, soit de côté, au travers des alluvions, et de les poursuivre jusqu'à leur origine.

Les radiers de béton romain qui recouvraient cette région du thalweg, la difficulté des épuisements, le voisinage des maisons habitées, ne permettaient guère de remplir ce programme au moyen de puits, de déblais et d'approfondissements directs.

Mais si l'on commençait une galerie à l'aval de la ville, en se dirigeant vers l'amont, et en se tenant au niveau le plus bas possible, on pouvait arriver d'une façon bien plus sûre au résultat désiré. Cette galerie, convertie immédiatement en aqueduc, à mesure de son avancement, devait fournir en tout temps un moyen d'accès régulier aux sources qu'il s'agissait de capter ; elle rendrait faciles la surveillance et l'étude des sources minérales, leur aménagement, la pose du tuyautage, les modifications même que l'on pourrait avoir plus tard à leur faire subir, ou les réparations qui seraient nécessaires ; elle servirait donc à la fois à l'exploration du sous-sol, à la recherche et au captage des sources, à leur aménagement, et resterait ensuite comme un monument destiné à assurer leur conservation et leur emploi.

Il est vrai que cet aqueduc devait suivre dans le bas de la ville le sous-sol d'une rue excessivement étroite, seul emplacement disponible, bordé de maisons d'une solidité suspecte, et que cette partie du travail, peut-être périlleuse, devait être prolongée sur une longueur de 123 mètres, avant d'arriver seulement à la source des Capucins, c'est-à-dire au commencement de la région thermale : ce qui représentait une dépense considérable à faire avant d'arriver aux sources encore imparfaitement connues qui formaient l'objet de l'entreprise.

Mais cette dépense était amortie en grande partie par l'absence des épuisements. D'ailleurs le succès paraissait assuré, et les considérations énumérées plus haut, l'avantage de voir un travail durable et d'une utilité incontestable résulter directement des travaux d'exploration et des dépenses qu'ils entraîneraient, devaient former une compensation plus que suffisante.

Ce projet, résultat d'études approfondies faites sur les lieux, fut approuvé par l'administration supérieure au mois de novembre 1857, et les travaux commencèrent immédiatement.

CHAPITRE VI.

RÉSULTATS SCIENTIFIQUES DES TRAVAUX DE CAPTAGE ; RELATIONS DES SOURCES MINÉRALES AVEC LES FILONS MÉTALLIFÈRES.

Les travaux relatifs au captage et à l'aménagement des eaux, inaugurés par les recherches faites au commencement de l'année 1857, n'ont été complétement achevés qu'au commencement de l'année 1861. Pendant tout ce temps, l'un de nous est resté constamment à Plombières, surveillant leur exécution avec tout le soin que méritait leur importance, recueillant avec le plus vif intérêt les renseignements que chaque coup de pioche mettait à découvert pour disparaître aussitôt, et qui venaient modifier ou confirmer, chaque jour, les conjectures fondées sur les recherches antérieures.

Les objets antiques retrouvés dans les fouilles sont en petit nombre, cependant quelques-uns d'entre eux ont une certaine valeur archéologique (1). Mais nous avons pu nous rendre compte jusque dans les moindres détails de la méthode adoptée par les Romains, dans cette station thermale, pour se rendre maîtres des eaux minérales, pour construire leurs bains et les alimenter ; pour établir leurs conduites d'eau, pour choisir et disposer les matériaux dont ils faisaient usage. Nous avons relevé sur place les notes et les dessins nécessaires pour en conserver le souvenir.

La galerie des sources savonneuses, pratiquée au travers du granite, a mis à découvert des filons de spath fluor, de quartz, d'halloysite, etc., qui nous ont paru être en relation intime avec la nature et l'origine même des sources minérales de Plombières (2). Cette recherche nous semblait propre à fournir quelques nouveaux indices sur les relations

(1) Nous avons cité ailleurs quelques objets celtiques ; nous mentionnerons encore un médaillon d'argent doré, de 65 millimètres de diamètre, représentant une course en quadrige dans un cirque dont la barrière (*spina*) est très nettement indiquée. Les boucles ou bélières attachées à ce médaillon en haut et en bas prouvent que ce n'est nullement une médaille commémorative ; qu'il était fait pour être porté par la personne à qui il appartenait, et qui l'avait peut-être reçu comme prix.

(2) *Note sur les résultats, au point de vue géologique, des travaux de captage des sources minérales de Plombières*, par M. Jutier, ingénieur des mines (*Annales des mines*, t. XV, p. 547).

souvent discutées des sources minérales avec les formations géologiques et *métallifères*. Chaque mètre d'avancement nous donnait quelque renseignement encore à ajouter aux renseignements déjà acquis. Nous nous hâtions d'en prendre note avec cette ardeur de curiosité assez ordinaire dans les études des sciences naturelles, avant que la trace eût disparu sous le pic des mineurs ou sous la fumée et la boue qui accompagnent les travaux de ce genre.

Enfin, l'action lente, mais incessante, des eaux minérales sur les métaux, sur les mélanges de briques et de mortier soumis à son action, avait donné lieu à des produits minéraux définis, très souvent cristallisés. Leur analogie avec ceux que présente la nature ouvrait un champ d'étude tout à fait intéressant et qui faisait suite au précédent.

Ainsi les filons de la galerie des savonneuses successivement découverts nous apprenaient les relations du quartz, du spath fluor et de l'halloysite avec les fentes par lesquelles l'eau minérale était venue au jour ; relations assez étroites pour nous fournir un guide assuré dans la recherche des sources minérales. La source n° 2 de cette galerie, avec ses belles géodes de spath fluor, nous offrait des points de ressemblance frappants avec certains détails de la description des gîtes de manganèse et des filons métallifères des environs de Romanèche : la silice et le fluorure de calcium que nous rencontrions sur le trajet des eaux minérales de Plombières étaient précisément des substances révélées par l'analyse chimique dans la composition de ces mêmes eaux (1).

En même temps, nous rencontrions à la source Simon des masses d'halloysite identiques avec celles que nous avions

(1) Notes adressées à M. E. de Beaumont le 27 décembre 1857, le 24 juillet 1858, et communiquées à l'Académie des sciences dans les séances du 21 juin et du 2 août 1858.

eu si souvent l'occasion de voir associées aux gîtes de minerais de manganèse de la Dordogne, et qui nous avaient paru un des éléments propres à jeter peut-être plus tard quelque lumière sur l'origine encore incertaine de ces minerais. La présence du manganèse à l'état de silicate et d'oxyde dans l'halloysite de la source Simon confirmait ces analogies, et établissait une ressemblance parfaite de caractères extérieurs entre cette substance et celle que nous avions pu étudier dans le Périgord, sous la dénomination de nontronite.

Peu de temps après, le travail de l'aqueduc du thalweg nous montrait, sur le trajet parcouru depuis quelques siècles seulement par l'eau minérale, les fentes du granite et les galets d'alluvions enduits d'une argile rouge, douce au toucher, que l'on pouvait considérer comme une halloysite impure et d'origine plus récente; les parties inférieures du béton romain étaient recouvertes de matières tantôt gélatineuses et analogues à l'acide silicique précipité de ses dissolutions, tantôt blanches, mamelonnées, plus ou moins opalines, formant évidemment avec la chaux des silicates définis. L'intérieur des briques offrait des concrétions presque semblables d'aspect à l'opale même. N'était-on pas conduit à penser que cette halloysite associée d'une part au spath fluor et au quartz des filons des sources minérales de Plombières, de l'autre aux filons et aux gîtes de manganèse de la Dordogne et de Saône-et-Loire, témoignaient de leur commune origine? que ces silicates d'alumine ou de chaux formés de toutes pièces depuis l'époque romaine, et qui étaient en voie de formation constante sous nos yeux, établissaient des analogies remarquables entre les gîtes de minerai de manganèse du Périgord, les filons décrits par M. Drouot, et l'action ancienne des eaux minérales de Plombières? Cette action, attestée par les enduits des fentes granitiques où ces eaux ont circulé depuis le jour de leur première émission, et par les modifications des terrains sédimentaires voisins, semblait elle-même en relation directe avec l'action contemporaine de ces mêmes eaux manifestée par leurs dépôts récents, par leur action sur le béton romain et sur les métaux. Nous voyions dans cet ensemble de faits une certaine filiation dont l'importance était exagérée peut-être à notre insu, parce que notre pensée était uniquement tendue vers l'histoire géologique des sources minérales de Plombières, mais qui méritait peut-être d'être prise en considération par des esprits sérieux et dégagés de cette préoccupation momentanée.

Cette idée, une fois admise, nous faisait rechercher avec empressement dans l'étude attentive des détails, avec l'aide de la loupe et du microscope, tout ce qui pouvait nous éclairer sur l'action contemporaine de ces sources minérales, et l'occasion était précieuse, puisque nous étions en train de relever, en quelque sorte, les pièces de tout genre déposées depuis quinze siècles au moins par les Romains comme pour servir à cette épreuve.

Les briques et la chaux qui composent le béton romain avaient subi, sous l'action des eaux minérales, une transformation complète (1), et c'est cette action spéciale, bien plus que l'action du temps ou l'habileté des constructeurs, qui lui avait donné une solidité si remarquable. La masse entière était pour ainsi dire cristallisée, mais dans les cavités il s'était formé des cristaux nettement définis et d'espèces variées. Leur association, leur abondance, leur présence dans telle ou telle substance, résultaient du mode d'action des eaux minérales, et l'on pouvait espérer qu'on

(1) Lettre du 8 juin 1858, adressée à M. le docteur Mougeot (*Annales de la Société d'émulation des Vosges*).

arriverait à en déterminer les lois en suivant de près les travaux, et en étudiant leur gisement dans les différentes parties des excavations qui se pratiquaient au travers des substructions romaines. Ces cristaux, facilement reconnaissables même à l'œil nu, sont précisément identiques avec des espèces minérales que l'on ne rencontre guère que dans les masses éruptives. Une action toute contemporaine, et d'une nature facilement appréciable, se trouvait donc donner encore sur ce point les mêmes résultats, les mêmes produits que ceux que nous trouvons associés aux révolutions volcaniques du globe.

Les métaux nous fournissaient des points de comparaison non moins intéressants. Dans une pièce de bronze couvrant la source des Capucins, des enduits verts et compactes avaient tout l'aspect d'un minerai de cuivre ; tandis qu'à l'intérieur du robinet de bronze de l'étuve romaine nous trouvions du sulfure de cuivre, non pas amorphe, mais très bien cristallisé, et tel que nous l'offrent les mines de cuivre du Cornouailles.

Des objets de fer, déposés dans l'eau minérale, s'étaient oxydés au point de reproduire l'aspect des minerais d'où l'on avait d'abord tiré ce métal. Les substructions romaines de Bains, de Luxeuil, de Bourbonne, nous présentaient des sujets d'observations presque identiques, et nous pouvons encore citer le sulfure de fer en octaèdres réguliers, comme une des espèces minéralogiques créées par les eaux thermales et semblables à ceux que présente la nature. Le plomb nous donnait par places des masses cristallines de carbonate de plomb identiques avec celles que présentent les mines métalliques, et nous sommes même parvenus à obtenir directement des cristaux de carbonate de plomb et de la silice gélatineuse par l'action spontanée des sources minérales de Plombières.

Toutes les sources thermales de cette région, qui, dès le début, nous avaient paru dériver d'une même origine géologique, se trouvaient ainsi rapprochées les unes des autres par l'étude de tous leurs caractères et des effets qu'elles pouvaient produire.

Ainsi donc les points d'analogie se multipliaient entre les filons métallifères et les matériaux déposés dans les fissures qui avaient donné issue aux eaux minérales de Plombières. L'action continue de ces eaux thermales sur les matières terreuses ou métalliques mises depuis longtemps à leur portée, leur action tout à fait récente et contemporaine, avaient produit directement des substances que l'on n'avait encore pu observer que dans certaines masses minérales, dans les filons métallifères ou dans les déjections volcaniques : on pouvait donc établir sur des faits positifs des analogies avec l'action que des sources identiques avaient dû exercer pendant les périodes géologiques, et saisir en quelque sorte le lien qui rattache à une même cause cet ensemble de résultats si divers en apparence.

L'exposition de ces faits et des conséquences qui s'en déduisent nous écarterait de l'objet de ce travail ; ils ont d'ailleurs fourni à M. Daubrée, ingénieur en chef des mines, la matière de plusieurs mémoires écrits à de courts intervalles pendant que ces travaux se poursuivaient, avec ce genre de talent et cette habileté particulière qui le caractérisent.

CHAPITRE VII.

EXÉCUTION DES TRAVAUX DE CAPTAGE.

§ I. — Galerie des sources savonneuses.

La galerie des savonneuses a été attaquée dans le flanc du coteau, en passant sous le jardin de la préfecture. Après

20 mètres de terrains de transport, elle s'est enfoncée dans la roche granitique qu'elle ne devait plus quitter : nous avons trouvé, à 31 mètres de l'entrée, un premier filon et une première source qui marquent en quelque sorte la limite inférieure de l'échelle des sources tempérées; son débit est de $8^{lit.}$, 24 par minute et sa température de 15°,6.

A la profondeur de 31^{m},75, nous avons dirigé la galerie vers l'est, c'est-à-dire vers l'amont de la vallée et parallèlement à son axe, et nous l'avons prolongée sur une longueur de 38 mètres dans cette direction. Sur cette faible distance, nous avons rencontré quatre sources bien caractérisées, correspondant à un pareil nombre de filons, et qui ont justifié les prévisions du projet.

Pour la source n° 2 particulièrement, on distingue, après les grandes pluies, les eaux d'infiltration tombant par le haut de la galerie et qu'il est facile de jeter hors de l'enchambrement, tandis que la source minérale continue à émerger du fond par le filon qui lui donne naissance.

Ces diverses sources minérales qui fournissent ensemble $27^{lit.}$,7 d'eau par minute, à la température moyenne de 28°,69, remplacent les sources savonneuses anciennes et nouvelles du jardin, qui donnaient ensemble $4^{lit.}$,24 d'eau par minute, à la température moyenne de 27°,54 centigrades.

Un fait remarquable, c'est l'augmentation de température des sources minérales à mesure qu'on pénètre vers l'est : il semble qu'en s'avançant au sein de la roche, vers la région où se trouve la source Vauquelin, on se rapproche du centre d'émergence autour duquel rayonnent les autres sources minérales de moindre importance.

Cette galerie a été calculée dans sa direction et son niveau de façon à aboutir derrière la source des Dames, à atteindre les racines de cette source sans la détourner de sa destination actuelle, et après avoir recueilli sur tout le trajet les sources minérales qui s'y rencontreraient.

Plusieurs motifs ont arrêté l'exécution complète de ce projet.

Les travaux de l'aqueduc du thalweg offraient des difficultés sérieuses, et causaient d'assez grandes dépenses, mais ils nous fournissaient une quantité d'eau minérale considérable et plus que suffisante pour les besoins prévus; il fallait donc porter de ce côté toutes les ressources.

En second lieu, la source Simon, donnant en vingt-quatre heures, 34 mètres cubes d'eau minérale à la température de 31 à 34 degrés centigrades, se trouvait à un niveau très élevé qui lui permettait d'alimenter facilement, par voie d'écoulement direct, tous les bains et tous les réservoirs. Il ne fallait pas sacrifier légèrement ce précieux avantage, et nous nous sommes arrêté avant d'avoir attaqué la source Simon.

Cette dernière considération n'a plus de motifs aujourd'hui: les travaux de la route impériale ont apporté une perturbation complète dans le régime de cette source; les enchambrements que nous avons faits pour en sauver les débris au travers de constructions qui s'élevaient de toutes parts sont d'un abord difficile et laissent à désirer sous ce rapport.

Mais rien ne sera plus facile que de remédier à ces inconvénients: si l'on sent plus tard le besoin d'augmenter le volume des eaux minérales, il suffira de poursuivre l'exécution du projet primitif : nous sommes convaincu qu'en prolongeant de quelques mètres la galerie des sources savonneuses, on obtiendra à peu de frais et sans aucune difficulté la découverte de nouvelles sources minérales dont la température ne sera pas inférieure à 40 degrés centigrades.

§ II. — Aqueduc du thalweg.

L'aqueduc du thalweg a été entrepris dans le courant de novembre 1857. Les travaux, poursuivis sans interruption pendant les hivers rigoureux de 1857 et 1858, ont été complétement achevés pour la saison des bains de 1859.

Cet aqueduc, formé de deux pieds-droits recouverts par une voûte en plein cintre, a $1^{m},60$ de largeur sur 2 mètres de hauteur sous clef. Une cunette cachée sous le radier sert à l'évacuation des eaux. Il est exécuté entièrement en pierre de taille, et fondé sur radier en béton de chaux hydraulique de Metz. Depuis le pont Dautel, où il commence, jusqu'à la hauteur de la source des Capucins, les fouilles n'ont rencontré qu'un terrain d'alluvion, formé de sable et de galets, recouvert de remblais, à la base desquels une couche de tuileaux marque la trace de la dévastation qui a ruiné le Plombières romain. Bien que les maisons qui bordent la rue ne fussent espacées parfois que de 3 mètres, et que le terrain pénétré par les eaux fût fort ébouleux, cette partie du travail a pu être exécutée sans accident et sans présenter de circonstances remarquables.

A la hauteur de la source des Capucins, nous avons rencontré le barrage de béton dont l'épaisseur, en ce point, est supérieure à $2^{m},75$ (1).

Une recherche de quelques mètres de longueur, lancée sur la gauche, nous a permis de découvrir l'origine de la source des Capucins, qui provenait, non pas d'une dérivation de sources de l'amont, comme le prétendait la tradition locale, mais d'un griffon particulier, parfaitement capté par les Romains, qui avaient établi sur place une piscine.

(1) Nous l'avons entaillé sur cette hauteur, et nous n'en avons point trouvé la base.

Les précautions particulières que nécessitaient de telles recherches, et le voisinage des maisons, ne permettaient pas l'emploi de la poudre : c'est à coups de masse, en frappant sur des coins d'acier, qu'il fallut se frayer un passage au travers de ce radier de béton, aussi remarquable par ses vastes dimensions que par sa solidité extraordinaire (1) ; mais comme son épaisseur diminuait de l'aval à l'amont, le fond de la fouille se trouva bientôt engagé dans les graviers inférieurs aux travaux romains les plus profonds, et au travers desquels les sources émergeaient par tous les points avec une extrême abondance.

La méthode de captage des Romains nous fut alors connue ; dès ce moment nous nous sommes attaché uniquement à la compléter, en suivant les mêmes bases et en profitant autant que possible de leurs travaux.

Les parois de l'entaille faite dans le béton romain, convenablement dressées, formèrent les parois de notre aqueduc, et nous permirent d'en augmenter la hauteur ; nous laissâmes en place, après les avoir dégagés, tous les vestiges des travaux romains qui se trouvaient sur notre trajet.

Il n'était pas possible d'enlever le sol d'alluvion et de pénétrer jusqu'au granite : l'abondance et la chaleur considérable des eaux minérales, s'ajoutant aux autres difficultés d'une fouille déjà profonde, rendaient cette entreprise impraticable (2) ; mais en étudiant avec soin les points d'émergence, leur température, et leurs caractères, on pouvait reconnaître leurs relations avec les griffons inférieurs que nous ne pouvions atteindre.

(1) Il fallait plus de 100 heures de travail pour enlever 1 mètre cube.

(2) La chaleur, à l'intérieur de l'aqueduc, était de 30 à 37 degrés centigrades, tandis qu'à l'extérieur, la température, presque toujours inférieure à zéro, atteignait souvent 10 à 14 degrés de froid.

Cette étude, plusieurs fois répétée, nous permit de déterminer en quels points se trouvaient les centres d'émergence, et c'est sur ces endroits que fut arrêtée la place des enchambrements définitifs.

Alors seulement on construisit les parois inférieures de l'aqueduc, de façon à les relier avec la base du radier de béton romain, et à rendre tout l'aqueduc étanche, comme l'aurait pu être un tube de fonte pénétrant dans cette nappe d'eau.

On approfondit le plus possible les places désignées, et sur chacune d'elles on établit un enchambrement par lequel se déversa le produit des sources minérales rassemblées sur ce point : des issues et des tuyaux de prise d'eau ont été disposés sur chacun d'eux, de façon à rendre faciles la visite, le jaugeage et au besoin l'isolement de chaque source.

C'est ainsi que furent successivement créés les enchambrements des sources n° 1 à 7.

Au moment de clore les travaux, nous découvrîmes encore, venant de l'amont, une petite quantité d'eau thermale : le moment déjà prochain de la saison des eaux ne nous permit pas de la poursuivre bien loin, et elle fut enfermée dans un enchambrement provisoire portant le n° 8.

Le granite, visible dans le haut de l'aqueduc, sur le côté du nord, donnait issue, entre les enchambrements n°s 5 et 6, à quelques suintements d'eau minérale : une galerie de 3 mètres de profondeur dégagea cette source, qui fournit en vingt-quatre heures 6^{mc},70 d'eau à 58°,5.

La source Vauquelin, découverte à la dernière extrémité de nos travaux, était en dehors des substructions créées par les Romains, et paraît leur avoir été complétement inconnue : elle venait former avec les sources du Robinet romain et Stanislas, déjà découvertes par les recherches faites en 1857, un groupe très intéressant.

Ces trois sources, réunies dans un espace restreint, émergent à plus de $2^{m},50$ au-dessus du niveau des autres sources de l'aqueduc et à 3 mètres au-dessous du sol de la rue. Leur température exceptionnelle les rendait très propres à la création d'étuves nouvelles, destinées à compléter l'organisation balnéatoire des anciens établissements, insuffisante sous ce rapport. On pouvait trouver, en s'établissant au-dessous du sol de la rue, l'emplacement qui manquait partout ailleurs, et l'on avait ainsi le grand avantage d'utiliser les sources en vapeur au lieu même de leur émergence, et à la place où les Romains, fort bon juges en pareille matière, les avaient eux-mêmes établies.

La partie supérieure de l'aqueduc du thalweg, et l'ancienne étuve romaine, dégagée sur les quatre côtés, forment actuellement, sous le pavé de la rue, un ensemble de chambres souterraines appropriées à cette destination aussi bien que le permet un tel emplacement.

Elles complètent en outre le travail de l'aqueduc du thalweg en facilitant son accès et en mettant parfaitement à découvert une des parties les plus intéressantes des travaux romains.

La superficie des nouvelles étuves est de 150 mètres carrés, et si l'on voulait l'augmenter, l'on trouverait encore à l'aval une piscine romaine en parfait état de conservation, dont on pourrait également tirer parti.

Deux autres sources minérales ont été mises à découvert à la suite de travaux entrepris par des particuliers avec l'autorisation de l'administration.

Chez M. Fournie, dans une maison située en face des arcades, existait depuis longtemps la trace d'une émergence d'eau minérale. Les fouilles faites dans le granite afin d'agrandir la maison, nous ont permis d'en rechercher les griffons et de les réunir dans un enchambrement commun. Le niveau de cette source permettrait de la conduire au Bain romain et d'y établir très facilement une buvette d'eau savonneuse.

En aval de la ville, et sur la rive gauche de l'Eaugronne, une excavation pratiquée dans le granite au-dessous de la maison Bizot, nous a également permis de capter deux sources abondantes qui ont été poursuivies et enchambrées aux frais de l'État.

Les sources Lambinet et du Trottoir, situées dans le voisinage de la source Simon, complètent la série des sources nouvellement découvertes.

CHAPITRE VIII.

AMÉNAGEMENT DES EAUX.

Les sources minérales se trouvant définitivement conquises, il s'agissait alors de les aménager et de régler leur emploi.

Ici se présentait en première ligne une question médicale d'une certaine importance. Les sources étaient bien connues au point de vue hydrologique, on avait à sa disposition et parfaitement isolées, des sources de la même famille, mais offrant cependant des variétés remarquables dont plusieurs n'avaient pas encore été expérimentées, au moins à l'état d'extrême pureté où elles se présentaient, et dont on pouvait désormais disposer comme on le jugerait le plus convenable.

Comment devait-on diriger leur aménagement ? devait-on grouper les eaux en plusieurs catégories, en raison de leurs caractères extérieurs, ou bien devait-on les réunir en un seul mélange également réparti entre tous les bains, et offrant une composition identique?

La question fut soumise au corps médical et devint l'objet d'un sérieux examen. Il fut décidé que la coutume déjà établie à Plombières et dont les bons effets étaient consacrés par l'usage, devait être maintenue; qu'il était préférable de réunir toutes les sources minérales en un seul flot, et que toute classification n'offrirait aucune espèce d'avantage. Cet avis ne s'appliquait qu'au service des eaux employées en douches et en bains : la question des buvettes était réservée et donnait lieu à des conclusions différentes.

Le projet d'aménagement fut préparé conformément à ces conclusions, sauf quelques modifications de détail ayant pour objet de tout disposer pour le cas où l'on voudrait, dans l'avenir, y apporter quelque changement.

Un conduit en pierre de taille fut disposé dans l'aqueduc de façon à recevoir successivement le produit de tous les enchambrements devant lesquels il circule. On peut y jeter également les sources savonneuses comme les sources à haute température, mais cette communication peut être interrompue par une simple manœuvre de robinets.

Un tuyautage particulier fut établi pour chacun de ces deux groupes extrêmes de sources minérales, depuis leur point d'émergence jusqu'au nouvel établissement. Cette disposition, suffisamment justifiée par le service des étuves et des buvettes, permettra au besoin d'employer isolément ces eaux, même en bains, si plus tard on juge utile cette expérience.

Afin de rendre les eaux minérales aussi faciles à visiter dans leur parcours qu'à leur point d'émergence, l'aqueduc du Thalweg fut prolongé, en passant au-dessous du lit de l'Eaugronne, tout le long de la petite promenade jusqu'à l'axe des nouveaux établissements. Là une galerie perpendiculaire à la vallée aboutit d'une part au sous-sol des thermes Napoléon III, de l'autre part aux grands réservoirs qui doivent les alimenter. Un escalier de 144 marches rachète la différence de niveau entre le fond de la vallée et le radier des réservoirs : l'assiette des réservoirs est calculée de façon qu'à l'aide de quelques tuyaux complémentaires, les réserves d'eau des anciens et des nouveaux thermes puissent se venir mutuellement en aide, et que l'ancien moteur hydraulique et le nouveau moteur à vapeur puissent se prêter un secours réciproque.

Un réservoir spécial caché sous le sol, et placé sur le côté gauche de la galerie montante, reçoit directement le produit de la galerie des sources savonneuses, amené, comme nous l'avons dit, par une conduite particulière.

Auprès et à l'ouest des grands réservoirs des bains, un autre réservoir reçoit les eaux d'une source non minérale très abondante située dans la ferme Babel, près du sommet du coteau. Ces eaux, très pures et très fraîches, puisque leur température même en été ne dépasse pas 10 degrés, sont par suite très bien appropriées aux besoins du service hydrothérapique.

Pour faire remonter les eaux minérales dans les réservoirs, une machine à vapeur a été établie un peu en amont des thermes Napoléon III sur le bord du coteau. Deux réservoirs cachés sous le sol sont situés à proximité, et reçoivent, dans les temps de chômage de la machine, l'un, l'eau minérale chaude, l'autre, l'eau minérale réfrigérée ; ils peuvent être mis à volonté en communication avec les pompes, et deux divisions correspondantes, établies dans les grands réservoirs, reçoivent ces eaux à températures différentes, mais de composition minérale identique.

La réfrigération des eaux minérales, à Plombières, s'opérait habituellement dans des bassins librement exposés à l'air. Ce système offre des inconvénients de plus d'un genre et son efficacité peut même devenir insuffisante pendant les chaudes journées d'été qui correspondent presque toujours à une grande consommation d'eau. Les nouvelles dispositions et l'état des lieux nous ont permis d'établir un système plus rationnel. Une dérivation de l'Eaugronne amène l'eau de ce ruisseau dans un encaissement ménagé à l'intérieur de l'aqueduc, en amont de la machine à vapeur, et dans lequel se trouve placé un système de tuyaux métalliques de petit diamètre. Au moyen d'un simple jeu de vannes en bois, l'eau minérale poursuit son cours jusqu'au premier réservoir, en conservant sa température initiale, ou bien elle traverse l'appareil de réfrigération, et tombe alors dans le deuxième réservoir alimentaire des pompes, consacré à l'eau réfrigérée. Un vannage placé à la prise d'eau permet de modérer ou d'interrompre au besoin l'action de la réfrigération.

Une disposition analogue permet également de reporter une fraction plus ou moins grande des eaux minérales vers la turbine du bain impérial ou vers la machine à vapeur, qui pourront, comme nous l'avons dit, se suppléer mutuellement.

Le mouvement des eaux minérales se trouve ainsi parfaitement mis à découvert par une série d'aqueducs dont la longueur est de plus de 700 mètres, sans compter ceux qui existent à l'intérieur des bains. On peut suivre les eaux minérales depuis le point d'émergence à la roche jusqu'à l'entrée des baignoires. Cette disposition rend également faciles la surveillance, les réparations, les changements même que l'on pourrait souhaiter plus tard, et elle assure une parfaite régularité dans le service et l'emploi des eaux minérales.

L'appropriation médicale des eaux minérales dans l'intérieur des nouveaux bains, organisée d'après les conseils de M. Jules François, ingénieur en chef des mines, a été traitée avec tout le soin qu'on devait souhaiter pour un établissement de cette importance.

CHAPITRE IX.

DÉBIT ET TEMPÉRATURE DES EAUX DE PLOMBIÈRES.

Pendant le cours et depuis l'achèvement des travaux de captage, toutes les sources minérales ont été l'objet d'observations régulières portant sur leur débit et sur leur température.

Ces observations nous étaient très utiles pour la direction des travaux : elles nous fournissaient des données très sûres pour déterminer les caractères essentiels de chaque source, ce qui était surtout désirable pour les sources nouvellement acquises.

Tous les phénomènes atmosphériques ont été observés avec soin; les variations de la température extérieure, de la pression barométrique, ainsi que les quantités de pluie tombée à diverses hauteurs, ont été constatées à l'aide d'instruments précis, et il en a été tenu note exactement jour par jour : nous n'en donnerons pas le détail et nous nous bornerons à citer les résultats les plus essentiels de ces études.

C'est par ce moyen que nous avons pu comparer l'état ancien et l'état actuel des sources, et définir les ressources que possède actuellement l'établissement thermal de Plombières.

Comme ce sujet a souvent donné lieu, dans des circonstances analogues, à des erreurs regrettables par leurs conséquences, on nous excusera de le traiter avec quelques développements, et de résumer sous forme de tableaux, un grand nombre d'expériences.

Le débit des sources de Plombières était fort mal connu : les chiffres obtenus à diverses époques étaient très différents et paraissaient également suspects. Du reste, on était généralement convaincu qu'il y avait au sol même de la Grande-Rue une énorme quantité d'eau minérale très chaude; on le croyait ainsi parce que l'on rencontrait, en effet, de l'eau thermale dès qu'on fouillait un peu le sol de la Grande-Rue; on oubliait que c'était là le réservoir duquel s'échappaient les sources existantes dont le débit régulier méritait seul d'être apprécié.

Notre premier soin, en arrivant à Plombières, fut donc de procéder à un jaugeage exact de toutes les sources minérales.

Toutes les opérations ont eu lieu en présence de deux délégués, nommés sur notre demande, par l'administration.

Les difficultés que nous avons rencontrées à plus d'une reprise, expliquent bien les erreurs commises par nos devanciers qui n'attachaient pas la même importance à l'exactitude du résultat, et qui étaient loin d'ailleurs de posséder les ressources mises à notre disposition.

Les procédés dont nous avons fait usage ont varié suivant l'état des lieux; souvent ils ont été employés concurremment de façon à établir un contrôle réciproque. Des instruments étalonnés avec soin, une étude minutieuse des circonstances qui pouvaient influer sur le débit de chaque source, la répétition fréquente des mêmes expériences, donnent aux résultats que nous avons trouvés, toutes les garanties d'exactitude qui pouvaient être obtenues dans chaque circonstance.

Du reste, le fait même de la disparition de la plupart des anciennes sources, le peu d'exactitude des renseignements publiés jusqu'à ce jour sur leur débit et leur température, donnent quelque intérêt à la description de l'état dans lequel elles se trouvaient; aussi nous proposons-nous de les examiner successivement en citant pour chacune d'elles le résultat de nos expériences.

Les observations faites antérieurement sur la température des sources minérales de Plombières, paraissent mériter plus de confiance que celles concernant le jaugeage.

En 1850, M. Hébert, alors élève en pharmacie, entreprit, à Plombières, par ordre de l'administration, des études qui paraissent faites avec soin, mais qui ont été malheureusement interrompues dans leur exécution.

Les températures ont été prises trois fois par jour, du 1er juillet au 21 septembre 1850, nous les avons résumées dans le tableau suivant (1).

	TEMPÉRATURE		
	Minimâ.		Maximâ.
1° Sources réunies	64,3	à	66,7
2° Première nouvelle de la rue	54,1	à	64,5
3° Source Bassompierre	59,6	à	62,9
4° Source d'Enfer	59,8	à	61,2
5° — du Bain romain (2)	58,5	à	61,1
6° — des Capucins	52,5	à	55,4
7° — des Dames	51,5	à	52,7
8° Deuxième nouvelle de la rue	43,9	à	50,8
9° Source du Crucifix	48,2	à	48,9
10° — Muller	32,7	à	41,6
11° Troisième nouvelle de la rue	32,0	à	36,6
12° Source Simon	32,8	à	33,9
13° Savonneuse nouvelle (n° 2)	25,7	à	29,3
14° Savonneuse nouvelle (n° 1)	14,4	à	19,2
15° Source de Luxeuil	14,5	à	16,3
16° Savonneuse ancienne	12,6	à	15,0
17° Source ferrugineuse	10,5	à	12,8

(1) Ces renseignements sont puisés dans les manuscrits déposés au ministère des travaux publics et qui constituent le premier document sérieux et d'ailleurs inédit sur ce sujet.

(2) La température était prise dans l'hypocauste, à l'aval du Bain romain; à l'amont, elle a été trouvée de 64,4 à 64,9.

L'inspection de ce tableau montre que la température la plus élevée constatée par M. Hébert, était de 66°,7, qu'on la rencontrait par intervalles et uniquement aux sources réunies dont le débit était très faible et la température très variable ; quant à la température la plus basse, elle a été trouvée de 12°,6, abstraction faite de la source ferrugineuse. Ce tableau nous prouve encore que, même pendant la saison des bains, les sources présentaient des variations notables de température, variations qui auraient été encore plus grandes si les observations avaient été continuées pendant l'hiver.

Un peu plus tard, en 1855, MM. O. Henry et Lhéritier ont publié dans leur *Hydrologie de Plombières*, une série d'observations de températures également intéressantes faites en 1852, 1853 et 1854, mais seulement pendant l'été.

Pour apprécier les résultats des travaux de captages, il est indispensable de faire connaître d'abord quels étaient le débit et la température des anciennes sources. Pour celles qui n'ont pas disparu, leur étude prendra naturellement sa place dans le compte rendu de l'état actuel des sources minérales de Plombières. Mais nous devons examiner d'abord la valeur de celles qui n'existent plus, parce que nous avons saisi au point d'émergence les griffons qui les alimentaient en partie ; ces sources sont :

1° Les sources du Bain romain et d'Enfer ;

2° Les sources Bassompierre et les sources réunies ;

3° Les sources nouvelles de la rue ;

4° Les sources savonneuses situées derrière le Bain impérial, telles que la savonneuse de Luxeuil, les anciennes et les nouvelles savonneuses.

§ I. — Sources anciennes.

SOURCES CHAUDES.

1° La source du *Bain romain* et la source d'*Enfer* étaient, par leur chaleur, comme par leur abondance, les principales richesses de l'établissement thermal de Plombières. Elles suffisaient à elles seules à presque toute la consommation d'eau minérale ; malheureusement leur origine était tout à fait inconnue, et les orifices même des canaux d'où elles s'échappaient étaient inabordables.

La source du Bain romain débouchait par un petit canal carré venant de l'amont dans l'hypocauste de ce bain; sa température était de 60 à 61 degrés mais l'état des lieux ne permettait pas d'évaluer son débit, même approximativement.

La source d'Enfer, dont la température était au maximum de 58°,3, débouchait à l'aval et un peu au sud du Bain romain, au fond d'un puisard de 2^{m},70 de profondeur, situé à l'angle de la maison Parisot.

On pouvait la jauger sans trop de difficulté au robinet de décharge par lequel elle s'écoulait, mais nous eûmes soin de refaire deux opérations successives en tenant l'hypocauste du Bain romain d'abord vide et ensuite plein d'eau, ce qui occasionnait une différence de hauteur de 0^{m},70 seulement.

Nous trouvâmes le 2 et le 4 mai, dans ces conditions :

La première fois : température 49°,5. Débit : 11^{lit},7.

La deuxième fois : — 58°,3. — 78^{lit},1.

Cette expérience établissait la solidarité de la source d'Enfer avec la source du Bain romain que nous ne pouvions parvenir à mesurer, ce qui, par suite, n'avançait nullement la question.

Nous fûmes obligés de faire une tranchée en amont du Bain romain, pour rechercher le canal souterrain et inconnu duquel partaient ces eaux minérales, mais ces travaux étaient partout arrêtés à une nappe compacte et presque impénétrable de béton romain. Ce n'est qu'après plusieurs semaines d'efforts que nous fûmes assez heureux pour rencontrer un point où cessait cet obstacle. L'approfondissement nous conduisit à une nappe de galets et de sable, pénétrée d'une eau minérale brûlante qui arrivait de tous les côtés dans cette excavation. Lorsqu'on abaissait le plan d'eau et qu'on épuisait ce trou, on tarissait immédiatement la source du Bain romain et la source d'Enfer. Cette expérience fut répétée à plusieurs reprises en prenant chaque fois des notes exactes. Les pompes enlevaient en moyenne et très régulièrement 112 litres par minute : au bout d'un temps assez court, les sources cessaient de couler. Nous avions donc enfin une limite supérieure et certaine du débit de ces deux sources qui avaient été l'objet d'appréciations si diverses dans le passé (1).

Mais les sables et les galets qui formaient le sous-sol constituaient une sorte de vaste réservoir pour les produits des sources minérales. Il est clair que si nos pompes avaient eu un débit égal ou très peu supérieur au débit des sources, le niveau de l'eau aurait baissé très lentement et il aurait fallu un temps considérable pour arriver à les tarir. On peut conjecturer d'après cela qu'on se tient encore bien au-dessus de la vérité en leur attribuant un débit de 100 litres par minute (2).

(1) On l'avait évalué tantôt à 140 litres, tantôt à plus de 500 litres par minute.

(2) Si l'on suppose que les sources minérales sur lesquelles agissent les pompes donnent 100 litres par minute, que la nappe de terrains d'alluvion servant de réservoir ait seulement 10 mètres de côté, et que sur cette

2° Dans l'angle compris entre les maisons Lambinet et Hérisé, auprès de l'étuve Bassompierre, curieux spécimen de l'état des bains de vapeur et de la façon dont on administrait les douches à Plombières jusqu'à la fin du XVIIIe siècle, se trouvaient les sources désignées sous les noms de sources *Bassompierre* et sources *Réunies.*

La source Bassompierre jaillissait dans l'étuve même et les sources réunies étaient cachées sous le pavé de la rue (1). Chaque fois que l'on avait eu besoin de fouiller le sol, soit pour creuser des canaux d'écoulement aux eaux ménagères des maisons voisines, soit pour faire des réparations, on avait tout de suite, et, à moins d'un mètre sous le sol, rencontré une émergence d'eau très chaude surgissant au travers d'un terrain formé de débris de tout genre; on s'empressait alors de faire un simulacre d'enchambrement pour cette source nouvelle. Une pierre évidée, de forme carrée et percée par le fond en faisait tous les frais; un tuyau en plomb, amènait les eaux dans un puisard commun où tombaient déjà les eaux des sources

étendue le sol contienne un tiers d'eau minérale, deux tiers de sable et de matières solides, un calcul facile montre que dans ces conditions il aurait fallu faire travailler les pompes dont nous nous servions pendant quatre heures trente-sept minutes, pour abaisser d'un décimètre seulement le plan de l'eau.

Ce temps augmenterait rapidement si on supposait la nappe de gravier plus étendue, comme elle doit l'être en effet, ou le débit des sources plus considérable.

Or, il ne fallait que quinze à vingt minutes de travail, pour abaisser le niveau de l'eau de plus d'un décimètre et pour tarir, comme nous l'avons dit, les sources d'Enfer et du Bain romain.

(1) C'est à tort que l'on comptait habituellement quatre sources réunies sur ce point. Il n'y avait que trois bassins de prise d'eau, et la source Bassompierre versait ses produits dans l'un d'eux.

Les eaux minérales provenant de ces bassins tombaient dans un petit réservoir de passage situé devant la maison Hérisé (Henry), et elles se rendaient de là au réservoir des baignoires du Bain romain.

voisines, et l'on comptait une source minérale de plus.

Cependant on n'avait pas été sans remarquer que le moindre épuisement opéré sur une source influait sur toutes les autres ; on avait donc placé çà et là de petits barrâges en argile destinés sans doute à les isoler entre elles, mais qui ne pouvaient produire aucun effet. Quand aux eaux superficielles et d'infiltration, on ne pouvait songer à les écarter, puisque ces petits bassins étaient placés immédiatement sous le pavé et recueillaient des eaux chaudes drainées, en quelque sorte, dans le sol que ce pavé recouvrait.

La source Bassompierre et les trois sources réunies, découvertes assez facilement, comme on le voit, puisqu'on pouvait en créer de cette nature autant qu'on l'aurait souhaité (1), n'ont été accessibles pour nous qu'après avoir dépavé la rue et fait quelques déblais. Les températures prises dans les trois bassins ont été trouvées, en procédant de l'aval à l'amont :

Pour le premier. . . .	65°,0	Moyenne, 62,6
Pour le second	64°,8	
Pour le troisième . . .	58°,0	

Quant au jaugeage, il était impossible, même après avoir mis à découvert les enchambrements, d'obtenir une mesure quelconque par déversement. Le seul moyen praticable était l'épuisement, et l'on trouvait alors de 8 à 10 litres

(1) On conçoit facilement, par ce seul exemple, comment on a pu être conduit à penser que le sol de Plombières recélait une quantité considérable d'eau thermale.

« Les sources thermales de Plombières sont si nombreuses que » Tissot a pu dire qu'il suffirait de les réunir pour former une petite ri- » vière, et, il est rare qu'on n'en découvre pas quelques nouvelles, lors- » qu'on procède aux travaux commandés par des réparations urgentes » ou par des améliorations à apporter au régime des établissements. » (O. Henry et Lhéritier, *Hydrologie de Plombières*.)

par minute, par chaque bassin. Mais en épuisant un bassin on agissait à la fois sur les autres sources et sur une vaste nappe de déblais imprégnés d'eau minérale ; aussi ce procédé ne pouvait-il donner que des résultats inexacts.

Pour apprécier le volume total de l'eau, nous n'avons eu d'autre ressource qu'une approximation obtenue par une voie indirecte. L'agent préposé depuis bien des années au service du Bain romain, avait fréquemment observé qu'il ne pouvait donner plus de 80 bains par jour sans épuiser le réservoir alimentaire caché sous la rue devant les arcades : ce réservoir, d'une capacité connue, était entretenu uniquement par la source du Crucifix, dont le produit était bien déterminé, et par les petites sources dont nous nous occupons. Un calcul des plus simples permettait donc d'établir le débit de ces petites sources ; le nombre des bains et la capacité du réservoir fournissaient un moyen de contrôle.

Nous avons trouvé ainsi que les sources réunies ne pouvaient fournir plus de 10^{lit},65 par minute à la température moyenne de 62°,6.

3° Pour les sources *nouvelles* de la *rue* comme pour les précédentes, nous sommes arrivé à des résultats tout à fait différents de ceux qui avaient été annoncés et qui avaient servi de base aux appréciations émises jusqu'alors sur le régime des eaux minérales de Plombières.

Les trois sources désignées sous le nom de *Première*, *Deuxième* et *Troisième nouvelles*, étaient enfermées dans un réservoir voûté caché sous le sol de la rue devant le perron de l'ancienne maison des dames de Remiremont. Elles venaient du fond de ce réservoir divisé en trois compartiments communiquant entre eux : un déversoir était placé à 1^{m},027 au-dessus du radier, et c'est dans ce réservoir que la turbine chargée d'alimenter les anciens bains venait puiser l'eau nécessaire au service lorsque les sources d'Enfer et du Bain romain devenaient insuffisantes. Le plus souvent ce déversoir était à sec ; quelquefois il débitait une certaine quantité d'eau, et cela paraissait correspondre assez exactement aux grandes eaux de l'Eaugronne, située seulement à 4^{m},70 de distance.

Le réservoir étant bien rejointoyé, de forme régulière et en fort bon état, on pouvait l'épuiser à fond et obtenir la mesure du produit des sources à diverses hauteurs, comme nous l'avions fait déjà pour les Capucins, en observant avec une montre bien réglée l'ascension de l'eau dans ce réservoir. Ce moyen, d'une exactitude très douteuse suivant nous, et qui donne en général des résultats trop élevés, était d'ailleurs le seul procédé de jaugeage praticable pour ces sources.

L'expérience faite le 5 mai 1857 dans ces conditions nous a donné le tableau sivant :

Hauteur au-dessus du radier.	Débit par minute (en litres).
0,000 à 0,560	32,616
0,560 à 1,030	13,020
1,030 à 1,120 (1)	3,306
1,125 à 1,135	0,398
1,135 à 1,155	0,398

Les trois sources prises à leur point d'émergence, lorsque le bassin était complétement épuisé, nous ont donné les températures de 52°,5, 48° et 42°,1, soit en moyenne 47°,5. Ainsi donc, même en supposant qu'on maintînt le bassin presque à fond, on ne pouvait espérer d'en tirer par minute plus de 33 litres d'eau à une température d'environ 47°,5.

Dans le lit de l'Eaugronne, en regard de ce réservoir, on signalait des émergences d'eau chaude dues sans doute aux mêmes sources qui alimentaient le réservoir. Leur

(1) Le déversoir étant bouché.

existence expliquait bien la corrélation du niveau de l'eau minérale avec le niveau de l'Eaugronne, et pouvait inspirer quelques doutes sur la pureté des eaux qui provenaient de ce réservoir.

Les sources chaudes, même en portant au maximum l'évaluation de leurs produits, comme nous le faisons pour les sources nouvelles de la rue, pour les sources d'Enfer, du Bain romain, et en y réunissant les sources des Capucins, des Dames et du Crucifix, ne pouvaient donc fournir, par minute, plus de $198^{lit},04$ d'eau qui se répartissaient ainsi :

DÉSIGNATION DES SOURCES.	TEMPÉRATURE	MOYENNE GÉNÉRALE.		
		DÉBIT		TEMPÉRATURE.
		par minute.	par 24 h.	
Enfer et Bain romain....	60 à 61	lit. 100,00 (1)	144,00 (1)	Débit : $198^{lit},04$
Quatre sources réunies, y compris celle de Bassompierre..............	62,6	10,65 (1)	15,34 (1)	ou $285^{m.c.},17$ par 24 heur.
Source des Capucins......	49,7	28,75 (1)	41,40 (1)	
— des Dames.......	51,5	18,60 (2)	26,78	température
— du Crucifix.......	46,7	7,44	10,71	moyenne :
Sources nouvelles de la rue.	47,5 (1)	32,06 (1)	46,94 (1)	$55^{o},47$

(1) Évaluation maximum.
(2) A la sortie de l'hypocauste, et non au robinet qui ne donne que $14^{lit},33$.

SOURCES SAVONNEUSES.

1° La source *savonneuse* dite de *Luxeuil* était renfermée dans un enchambrement ménagé au bord de la route de Luxeuil, et une inscription latine rappelait aux passants le souvenir de ses vertus bienfaisantes. Mais son débit ne répondait point aux mérites qu'on lui supposait. L'eau minérale venant de fond, au travers du granite, ayant été isolée des eaux d'infiltration, ne nous a fourni que $1^{lit},5$ par minute, à la température de 14°,1 ; mais cette source était assez mal garantie contre les eaux superficielles, et son débit, après les pluies, était plus considérable que celui que nous venons d'indiquer : cela diminuera sans doute les regrets que pourrait causer, au point de vue historique, la disparition de cette ancienne source, la première qui ait été signalée, avec la savonneuse des Capucins, comme source savonneuse.

2° L'*ancienne savonneuse du Jardin*, ou source savonneuse des Capucins, donne lieu aux mêmes observations ; la position même du griffon placé au contact du granite et du sol d'alluvion, ne permettait guère d'espérer que ses eaux fussent bien pures : les jaugeages faits avant l'ouverture des travaux, ont entièrement confirmé cette prévision.

Le 4 mai 1857, nous avons trouvé :

Température.	11°,5
Débit par minute.	6lit,06

Le 25 mai 1857, un jaugeage exécuté dans les mêmes conditions ne donnait que :

Température	13°,2
Débit par minute.	3lit,48

Ainsi donc, après une période de sécheresse de vingt jours, le débit diminuait presque de moitié, tandis que la température augmentait de 2 degrés. L'eau de la source devenait d'ailleurs un peu trouble après les pluies d'orage.

Nous prenons l'expérience du 25 mai comme représentant l'état normal de la source.

3° Les sources dites *nouvelles savonneuses* du Jardin étaient primitivement au nombre de deux ; mais un travail de rectification de la route de Luxeuil, entrepris en 1857, avait complétement tari la source n° 1, bien que ce travail eût porté uniquement sur une faible épaisseur de terrain d'alluvion et qu'il n'eût attaqué nulle part le granite.

La source n° 2 avait un caractère minéral mieux défini ; le 4 et le 25 mai nous lui avons trouvé la même température de 30 degrés, et un débit moyen de 4^{lit},50 par minute.

4° La source *Simon* venait de fond dans un petit enchambrement taillé dans le granite. On arrivait à l'enchambrement par une galerie passant au-dessous de la route de Luxeuil.

Cette source était, par son débit comme par sa température et par les conditions satisfaisantes de son captage, la principale des sources savonneuses. Elle donnait, le 4 mai, 28 litres par minute, à la température de 31 degrés, et le 25 mai, 21^{lit},12 à la température de 30°,5. Elle était donc influencée, comme presque toutes les sources savonneuses, par la période de sécheresse qui s'est écoulée entre ces deux expériences.

Les travaux exécutés en 1859 pour la rectification de la route impériale, n° 57, de Metz à Besançon, ont profondément entaillé les filons qui donnaient issue à cette source; ses produits se sont disséminés et perdus dans les fouilles; le griffon s'est trouvé bientôt complétement à sec, et depuis cette époque, la source est devenue intermittente.

La source Simon fera l'objet d'un chapitre spécial comme se présentant dans des conditions tout à fait exceptionnelles.

5° La source *Muller* est formée de plusieurs petits filets d'eau minérale dont la température, le 4 mai, variait de 21 à 34°,8 ; le mélange avait 26 degrés. Quant au débit, il était de 8^{lit},21 le 4 mai, et de 5^{lit},94 le 25 du même mois.

Le tableau suivant donne le résultat des expériences officielles faites avant le début des travaux sur les sources savonneuses :

DÉSIGNATION des sources.	JAUGEAGE du 4 mai 1857. DÉBIT en litre par minutes.	en m. c. par 24 heur.	Température.	JAUGEAGE du 25 mai 1857. DÉBIT en litre par minute.	en m. c. par 24 heur.	Température.
Source Simon.	28,00	40,32	31,0	21,12	30,41	30,5
— de Luxeuil.	1,50	2,16	14,0	1,46	2,10	14,0
Anciennes savonneuses. . . .	6,06	8,75	11,5	3,48	5,00	13,2
Savonneuse n° 2.	4,50	6,48	30,0	4,50	6,48	30,0
Muller.	8,21	11,82	26,0	5,94	8,55	28,8
	Total.			36,50	52,55	27,85

Il est remarquable que pour toutes ces sources le jaugeage du 25 mai, effectué après quelques jours de sécheresse, donne un débit moindre, et en général une température plus élevée que le jaugeage du 4 mai ; ce résultat simultané montre bien que l'état de captage de ces sources était loin d'assurer la pureté de leurs produits, et les mesures régulières viennent ainsi confirmer les indications déjà assez précises que l'on pouvait tirer de l'examen du sol et des enchambrements.

Le jaugeage du 25 mai est celui qui correspond évidemment au plus grand état de pureté des sources, et c'est celui que nous conserverons désormais comme représentant l'état officiel des sources savonneuses avant les travaux.

Les deux groupes des sources chaudes et des sources dites savonneuses produisaient ensemble, d'après ces expériences:

	Litres par minutes.	Mètres cubes par 24 heures.	Température moyenne.
Sources chaudes. . . .	198,04	285,17	53,82 (1)
— savonneuses. .	36,50	52,55	27,85

(1) C'est à tort que dans le tableau de la page 79 nous avons indiqué la température des sources d'Enfer et du bain Romain comme étant de

Ce qui représente, en supposant toutes ces sources minérales mélangées, un volume total de 337,72 mètres cubes par vingt-quatre heures à 49°,77.

Outre les sources que nous venons de citer et qui appartiennent à l'État, on trouve dans beaucoup de maisons des sources minérales très tempérées, utilisées pour les besoins domestiques. Elles forment une ligne continue, sur la rive droite, depuis la source Muller jusqu'à la source des Capucins. Il en existe également du côté opposé quoiqu'en moins grande abondance. Leur débit est en général très faible. L'une de ces sources se rencontre dans la maison du docteur Turck, et une recherche d'une faible profondeur, pratiquée dans le granite, a suffi il y a quelques années, pour augmenter son débit et élever beaucoup sa température.

§ II. — Sources actuelles.

Nous allons maintenant passer en revue les sources qui existent actuellement, en faisant connaître pour chacune d'elles les résultats de nos recherches.

GROUPE DES SOURCES IMPÉRIALES.

Ces sources qui se trouvent tout à fait à l'amont et dans la partie supérieure de l'aqueduc du Thalweg nous donnent un débit de 27lit,83 par minute, qui se répartit ainsi :

Source du Robinet romain	16,09
— Stanislas	5,00
— Vauquelin	6,74
	27,83

60 à 61 degrés : d'après les observations consignées dans l'Hydrologie de Plombières, la température variait de 55°,8 à 60°,6 pour la source d'Enfer, et de 51 à 61 degrés pour celle du bain Romain, ce qui établit une température moyenne de 57°,1 pour l'ensemble de ces deux sources et de 53°,82 (au lieu de 55°,47) pour le produit total des sources chaudes comprises dans le tableau dont il s'agit.

Leur température élevée, leur niveau supérieur les rendent très propres à l'alimentation des étuves dans l'ancien comme dans le nouvel établissement, et nous les avons particulièrement destinées à ce service.

Deux d'entre elles, la source du Robinet romain et la source Stanislas, se trouvent dans l'intérieur d'une antique étuve romaine, ainsi que nous l'avons indiqué plus haut.

1° La source du *Robinet romain* s'échappe par l'issue que les Romains lui avaient préparée pour alimenter l'étuve. Une entaille faite dans le premier gradin de cette étuve, a mis à découvert le canal dans lequel circule une partie de l'eau qui s'y rend. On entend le bruit des gaz qui s'échappent fréquemment et par grosses bulles à l'endroit où le canal est intercepté.

Cette source nous fournit un exemple remarquable de l'effet des circonstances extérieures sur la température des sources même les mieux captées. Ainsi, à l'époque où nous l'avons découverte, elle marquait 73°,9, mais à ce moment elle s'échappait des maçonneries romaines qui, recouvertes jusqu'alors par l'eau de la source elle-même, avaient acquis une température tellement élevée qu'on pouvait à peine les toucher avec la main. Les couches épaisses de ciment et de pierre de taille accumulées par les Romains sur les canaux de la source, paraissaient de nature à constituer un isolement complet de l'extérieur et à éviter toute déperdition de chaleur ; cependant il n'en est pas ainsi.

Il a suffi de donner aux eaux sortant du robinet un écoulement naturel, pour que la température tombât immédiatement à 71 degrés : elle a oscillé de 69°,4 à 70°,4 pendant l'année 1859, suivant que l'accès de l'air extérieur était rendu plus ou moins facile autour du robinet et des gradins qui cachent les canaux d'arrivée de la source.

Au mois de janvier 1861, on a entrepris de déblayer

l'ancienne étuve romaine et de la mettre entièrement à découvert en la conservant telle qu'elle avait été créée par les Romains, pour la rendre à sa destination première. Les gradins se sont trouvés exposés à l'air libre et la température s'est abaissée jusqu'à 67°,2 ; elle se relèvera assurément lorsque l'étuve sera organisée et que l'atmosphère y sera échauffée par la source elle-même.

Il est très probable que les Romains ont amené à ce robinet les produits de plusieurs griffons différents : des expériences faites en 1859 nous font présumer que les sources les plus chaudes se trouvent à l'ouest du robinet et que leur température n'est pas inférieure à 74 degrés centigr.; les sources situées à l'est seraient plus abondantes et leur température serait d'environ 69 degrés centigr.

2° La source *Stanislas* a une température de 69°,70 à 70°; elle donne lieu d'ailleurs aux mêmes observations.

3° La source *Vauquelin* est située en dehors des travaux romains. Elle émerge directement du granite en donnant lieu à un dégagement assez régulier de petites bulles de gaz ; elle est recouverte par le dallage de la nouvelle étuve et se trouve ainsi soustraite aux causes de refroidissement que nous avons signalées en parlant des sources précédentes, aussi sa température est plus fixe et ne s'écarte pas de 69°,8.

Le tableau ci-après présente le relevé des expériences faites sur le groupe des sources impériales.

1° Groupe des sources impériales. — Température et débit.

DATES.	JAUGEAGES.					TEMPÉRATURE	
	Robinet romain. (1)	Stanislas. (2)	Rob. romain et Stanislas (réunis). (3)	Vauquelin. (4)	Totaux du débit.	Au robinet romain. (5)	A la source Vauquelin. (6)
11 juin 1859.	»	»	20,68	7,14	27,82	»	68,4
15 —	»	»	»	6,82	»	» (7)	68,4
24 —	15,79	5,64	21,43	6,82	28,25	70°,4	68,4
8 juillet.....	»	»	»	7,33	»	»	69,3
15 —	»	»	»	7,10	»	»	69,3
23 —	»	»	»	7,16	»	»	69,4
29 —	»	»	»	6,98	»	»	69,5
5 août......	»	»	»	6,67	»	»	69,4
18 —	»	»	»	6,64	»	»	69,4
26 —	» (8)	»	»	6,70	»	»	69,4
7 septembre .	»	»	»	6.82	»	»	69,6
2 octobre....	»	»	»	»	»	69°,5	»
27 —	(17,21)	4,22	21,43	6,67	28,10	70°,4	69,9
8 novembre..	17,64	3,96	21,60	6,74	28,34	70°,3	69,8
22 — ..	(17,05)	3,70	20,75	6,67	27,42	69°,5	69,6
28 — ..	»	»	»	»	»	69°,4	»
9 décembre..	»	»	»	6,82	»	»	69,6
24 — ..	»	»	»	6,98	»	»	69,8
18 février 1860	»	»	»	6,82	»	»	69,6
18 avril......	»	»	»	6,52	»	»	69,3
31 janvier 1861	»	»	»	(6,26)	»	» (9)	69,5
9 février....	»	»	»	6,00	»	»	70,0
9 mars ..... } 11 — ..... }	16,45	4,23	20,68	6,52 / 6,00	26,68	67°,2	69,5 / 69,5

MOYENNES.

		lit.			
Débit.	Robinet romain et Stanislas.....	21,09	30m.c.,37	27lit.,83 = 40m.c.,08	
	Vauquelin......	6,74	9m.c.,71		

			Moyenne.
Température.	Robinet romain..........	69°,53	69°,49 (10)
	Vauquelin...............	69°,35	

(1) Au robinet et à la fente pratiquée dans le gradin près du robinet. — (2) Par différence entre les colonnes no 3 et no 1. — (3) Au sortir de l'étuve romaine. — (4) Au sortir de l'enchambrement jusqu'au 31 janvier 1861 : à partir de cette date, au fond de l'aqueduc du Thalweg au robinet de vidange. — (5) Au robinet. — (6) Au griffon. — (7) Les eaux sont habituellement tendues dans l'étuve romaine, pendant la saison des bains et l'accès en est alors impossible. — (8) Les chiffres mis entre parenthèses ne résultent pas d'observations directes; ils représentent la moyenne des deux observations les plus voisines, et ont pour objet de faciliter les calculs des moyennes générales. Cette observation est générale et s'applique également aux autres tableaux. — (9) Les travaux d'appropriation de l'étuve romaine sont commencés depuis le mois de septembre 1860. — (10) Cette température moyenne, comme toutes celles que nous citons plus loin, est la température des eaux mélangées et non la moyenne des températures observées sur chaque source, ce qui peut être assez différent.

GROUPE DES SOURCES DE L'AQUEDUC DU THALWEG.

1° *Sources nos 1 à 7.* — Les sources de l'aqueduc du Thalweg nos 1 à 7 sont toutes placées dans des conditions presque identiques. L'eau monte de fond au travers des alluvions et s'échappe de l'enchambrement principal dans une cuvette de passage d'où elle retombe dans le canal en pierre de taille qui recueille et réunit tous les produits. Les orifices d'écoulement sont placés sensiblement au même niveau.

Les différences de débit et de température de ces diverses sources dont la distance est souvent très petite (1), montrent qu'elles correspondent réellement à des griffons différents.

La cuvette et l'enchambrement lui-même portent des tuyaux d'attente disposés de telle façon qu'on peut toujours opérer le jaugeage d'une source et la mettre en expérience sans changer le niveau d'écoulement, et cela même pendant la saison des bains, sans interrompre le mouvement général des eaux.

Les derniers enchambrements (nos 6 et 7) ont été achevés en mai 1859 ; les autres, situés en aval, étaient déjà terminés depuis plusieurs mois.

Cependant l'inspection du tableau suivant montre que jusqu'à la fin de l'année 1859, les produits de la plupart des sources ont éprouvé un léger abaissement, ce qui prouve bien que lorsqu'on trouble l'écoulement naturel des sources, il faut un temps prolongé pour qu'elles se constituent dans un nouvel état d'équilibre stable.

(1) La distance est de 16m,50, entre les sources nos 2 et 3, qui ont, l'une 56 et l'autre 59 degrés ; elle n'est que de 9m,40, entre les source nos 4 et 5, qui ont, l'une 60 et l'autre 65 degrés centigr.

Même dans ces deux dernières années, on voit que le débit de certaines sources a subi des fluctuations assez sensibles. Ainsi le n° 7 dont le débit, d'après les jaugeages effectués du 8 juillet 1859 au 2 octobre 1860, paraissait bien fixé entre 16 et 18 litres par minute, ne nous a donné en dernier lieu (29 mars 1861) que 13lit.,33, mais il faut observer que sa température a en même temps augmenté de 5 degrés.

La source n° 6 donne lieu à une remarque semblable.

Les expériences consignées dans ce tableau nous donnent pour l'ensemble des sources nos 1 à 7 de l'aqueduc du Thalweg, un produit total de 268lit,55 par minute, en y comprenant 5lit,78 provenant des petits filets d'eau minérale recueillis isolément sur la paroi sud de l'aqueduc, soit 386mc,71 d'eau par vingt-quatre heures, à la température de 59 degrés centigrades.

2° *Source Mougeot.* — La petite source émergeant de la roche granitique, sur la paroi nord de l'aqueduc, entre les enchambrements des sources 5 et 6, a donné pendant l'année 1859, un débit assez régulier de 5 litres par minute à 50 degrés ; depuis cette époque, nous n'avons pu aborder cette source. Un jaugeage fait tout récemment (27 mars 1861) a constaté dans le débit comme dans la température, une diminution notable dont nous n'avons pu encore rechercher la cause.

Sources de l'aqueduc du Thalweg. — Température.

DATES.	N° 1.	N° 2.	N° 3.	N° 4.	N° 5.	N° 6.	N° 7.	Mougeot.
1859, 8 juillet.....	53,6	55,6	58,9	59,1	65,4	47,7	50,6	56,8
— 15 —	53,8	56,1	59,2	59,0	65,2	48,7	51,1	57,6
— 23 —	54,1	54,0	59,4	59,4	65,3	49,4	51,9	57,9
— 29 —	54,0	56,1	59,4	59,4	65,4	49,8	52,1	57,6
— 5 août......	54,2	56,2	59,4	59,4	65,4	50,1	52,4	58,6
— 18 —	54,0	56,4	59,4	59,5	65,6	51,1	52,6	59,1
— 26 —	54,8	56,6	59,4	59,4	65,6	51,6	52,9	59,2
— 7 septembre..	55,3	56,5	59,6	59,8	65,6	51,9	52,6	59,3
— 27 octobre....	55,1	56,6	59,5	59,6	65,6	51,6	52,6	60,1
— 8 novembre..	54,6	56,4	59,5	59,6	65,3	51,6	51,8	59,3
— 22 — ..	53,6	56,1	59,4	59,5	65,4	52,1	51,7	58,6
— 9 décembre..	53,9	55,6	59,4	59,5	65,4	52,1	51,9	57,9
— 24 — ..	54,1	55,4	59,4	59,4	66,4	50,6	52,0	58,6
1860, 7 janvier....	53,0	55,6	58,8	59,1	65,0	(49,6)	52,6	»
— 18 février....	52,6	54,4	58,6	58,8	64,6	48,6	(53,1)	»
18 avril......	53,6	54,8	59,0	58,6	63,6	»	53,6	»
— 26 mai......	53,8	54,6	58,4	58,4	64,4	»	»	»
— 18 juillet.....	(53,6)	56,3	59,1	59,6	65,6	»	»	»
— 26 août......	(53,6)	57,1	59,4	60,1	65,6	»	»	»
— 2 octobre....	53,6	57,2	58,8	59,8	65,6	»	»	»
1861, 9 février...	53,2	54,5	58,0	58 8	64,4	51,6	56,0	»
— 27 mars......	»	»	»	»	64,0	51,8	56,1	53,5
— 28 —	»	»	»	»	»	»	»	»
— 29 —	»	»	»	»	»	51,7	560,	53,6

OBSERVATIONS.

Températures moyennes :

1° Des sources,

N° 1.	53,91	59°,35
N° 2.	55,81	
N° 3.	59,10	
N° 4.	59,23	
N° 5.	65,21	
N° 6.	50,50	
N° 7.	52,56	
Mougeot	58,50	

2° Des filets de la paroi sud,

N° 1.	40,7	47°,65
N° 2.	42,7	
N° 3.	44,2	
N° 4.	44,1	
N° 5.	51,9	

Les températures sont prises au sortir de chaque enchambrement.

Les moyennes ne comprennent pas les observations faites après le 9 février 1861.

Sources de l'aqueduc du Thalweg. — Jaugeages.

DATES.	N° 1.	N° 2.	N° 3.	N° 4.	N° 5.	N° 6.	N° 7.	Source Mougeot.	TOTAUX.
1859, 8 juillet.....	50,77	22,56	39,40	9,61	110,93	21,43	16,67	4,41	275,78
— 15 —	48,98	21,50	40,00	9,75	110,92	21,43	17,64	4,47	274,60
— 23 —	47,47	21,53	38,47	9,13	109,69	20,00	20,00	4 48	270,77
— 29 —	47,57	21,73	40,29	9,87	109,80	22,43	(20,00)	4,60	276,29
— 5 août......	46,80	20,57	38,20	9,76	107,53	21,42	20,00	4,48	268,76
— 18 —	46,46	20,78	38,90	9,43	106,11	20,00	20,00	4,48	266,16
— 26 —	(44,50)	21,61	41,72	9,72	108,00	20,00	19,50	4,20	269.25
— 7 septembre..	42,72	19,05	36,20	9,41	109,71	18,75	18,75	4,54	259.13
— 27 octobre....	49,00	20,12	39,82	9,18	103,26	18,75	18,75	4,48	263,36
— 8 novembre..	48,00	21,45	39,43	9,30	111,70	17,65	17,50	(4,74)	269,77
— 22 —	48,40	20,22	39,94	9,51	103,16	18,75	17,65	4,90)	262.53
— 9 décembre...	48,35	20,00	40,90	9,42	(103,82)	18,75	16,67	5,08	262,99
— 24 —	46,42	19,33	42,80	(9,67)	104,48	17,14	16,66	5,15	261.65
1860, 7 janvier....	50,31	20,75	43,74	9,93	103,25	(17,14)	(16,65)	(5,17)	266.94
— 18 février.....	46,00	19,41	40,21	9,24	103,69	17,14	(14,99)	5,17	256,25
— 18 avril......	41,51	18,00	40,00	8,97	107,32	(16,30)	(14.99)	5,08	252.17
— 26 mai.......	(46,00)	18,26	37,14	9,37	102.16	(16,30)	(14,99)	(4 94)	249.16
— 18 juillet.....	(46,01)	18,34	42,37	9,20	102,27	(16,30)	(14,99)	4.80	254,28
— 28 août......	(46,00)	19,12	38,34	8,50	104,57	(16,30)	(14,99)	(4,32)	252.14
— 2 octobre....	(46,00)	18,07	40,45	8,90	104,89	(16.30)	(14,99)	(4,32)	254.82
1861, 9 février....	42,74	19,37	39,23	8,80	(105,00)	(16,30)	(14,99)	3,85[1]	251,28
— 27 mars......	»	»	»	»	108,41[2]	(16,30)	13,33	»	»
— 28 —	»	»	»	»	»	15,46	»	»	»
— 29 —	»	»	»	»	106,06	15,74	13,33	»	»

Les jaugeages sont faits au sortir du petit réservoir de passage attenant à chaque enchambrement.

[1] Les eaux ne sont plus tendues dans l'étuve romaine depuis la fin d'août 1860.

[2] On a fait un petit travail d'amélioration dans la cuvette de vidange auprès de l'enchambrement n° 5.

OBSERVATIONS.

Débit moyen :

1° Des sources

	lit.	m. c.
N° 1.	46,67	67,20
N° 2.	20,13	28,99
N° 3.	39,88	57,43
N° 4.	9,37	13,49
N° 5.	106,35	153,14
N° 6.	18,52	26,67
N° 7.	17,20	24,77
Mougeot.	4,65	6,70
	262,77	378,39

2° Des filets du côté sud de l'aqueduc, à la hauteur de la source Mougeot,

	lit.	m.c.
N° 1.	0,45	
N° 2.	0,43	
N° 3.	0,70	
N° 4.	1,19	
N° 5.	3,01	
TOTAL....	5,78 =	8.32

	lit.	m. c.
PRODUIT TOTAL,	268,55	386,71

3° *Source, n° 8, de l'aqueduc du Thalweg.* — Celle-ci est disposée comme les sources n°s 1 à 7, mais l'émergence de cette eau minérale nous inspirait d'abord quelques inquiétudes en raison du voisinage de l'Eaugronne dont le lit est à un niveau de 3^m^,38 au-dessus de la source, et à la distance de 5^m^,70 seulement. Nous l'avons partagée en trois divisions afin de pouvoir étudier et suivre de plus près l'action des eaux d'infiltration.

On voit par le tableau que nous donnons plus bas, que cette source, sans avoir reçu aucune modification dans la disposition du captage, s'est en quelque sorte transformée graduellement pendant toute la période des années 1859 et 1860. Le débit a diminué par l'élimination des eaux étrangères, et la température s'est relevée d'une façon remarquable :

Pour le n° 1, de 39° à 50°;
Pour le n° 2, de 39°,8 à 49°;
Pour le n° 3, de 27°,5 à 41°,8.

Source n° 8 de l'aqueduc du Thalweg. — Température et débit.

DATES.	FILET N° 1.		FILET N° 2.		FILET N° 3.		OBSERVATIONS.
	Températ.	Débit.	Températ.	Débit.	Températ.	Débit.	
1859, 1er juillet...	38,6	6,58	39,4	3,42	27,1	14,12	*Moyennes* (1) : Température, N° 1. 47°,78 } N° 2. 46,4 } 40°,80 N° 3. 36,28 } Débit. lit. mèt. c. N° 1. 2,28 3,28 } lit. m. c. N° 2. 2,06 2,97 } 10,19 = 14,67 N° 3. 5,85 8,42 }
— 8 —	41,4	4,00	38,8	3,80	30,2	10,53	
— 15 —	42,1	4,00	38,6	3,45	30,6	6,38	
— 23 —	44,6	3,53	39,6	2,76	31,7	5,71	
— 29 —	45,1	3,00	39,6	2,73	32,1	5,00	
— 5 août......	46,1	2,71	41,1	3,00	33,0	4,60	
— 18 —	46,8	2,72	43,1	3,26	35,3	3,75	
— 26 —	47,0	3,00	43,6	3,48	36,4	3,75	
— 7 septembre.	46,6	2,60	43,6	3,33	37,3	3,53	
— 27 octobre...	46,6	2,86	41,6	3,00	38,6	3,75	
— 8 novembre.	45,6	2,36	41,1	2,61	37,8	3,75	
— 9 décembre..	44,4	2,50	40,2	2,50	35,4	4,00	
— 24 — ..	44,6	2,31	40,8	2,50	34,4	4,28	
1860, 18 février....	45,6	3,00	42,6	2,00	33,6	6,00	
— 18 avril.....	45,6	2,50	43,6	2,05	35,1	7,05	
— 28 novembre.	48,6	»	48,1	»	35,1	»	
— 27 décembre.	49,1	2,00	48,7	2,21	35,8	5,33	
1861, 9 février....	50,0	1,62	49,0	2,00	41,8	5,00	

(1) Moyennes des observations faites pendant les années 1860 et 1861 seulement.

4° *Source du Puisard.* — En approfondissant le puisard des anciennes pompes, au-dessous des fondations du Bain impérial, nous avons rencontré une émergence d'eau minérale qui n'a pu être l'objet d'aucun travail spécial de captage, en raison des difficultés que présentait cette situation. Elle continue à s'élever du fond du puisard, et nous donne 16lit,72 d'eau par minute, à 34°,70.

Source du Puisard. — Débit et température.

DATES.	Tempér.	Débit.	OBSERVATIONS.
1859, 22 novembre..	36,6	17,14	*Moyennes :*
— 9 décembre .	34,2	17.65	
— 24 — ..	34,7	16,00	Température : 34°,70
1860, 7 janvier....	32,3	15,80	
— 18 février....	32,6	13,33	lit. mèt. c.
— 18 avril	32,6	16,00	Débit : 16,72 = 24,08
1861 8 février....	39,0	»	
— 19 mars.....	35,5	21,16	

Ainsi donc, les travaux de l'aqueduc du Thalweg ont mis à découvert treize sources distinctes, produisant ensemble 323lit,29 d'eau minérale par minute, ou 465mc,54 en vingt-quatre heures, à la température moyenne de 58°,14.

Le produit se répartit ainsi entre les différentes sources :

Sources Impériales et de l'aqueduc du Thalweg. — Tableau résumé.

COTE du NIVEAU DE L'EAU [1].	DÉSIGNATION de la SOURCE.	TEMPÉRATURE MOYENNE.	DÉBIT		DÉBIT		TEMPÉRATURE MOYENNE.
			en litres par minute.	en mètres cubes par 24 heures.	en litres par minute.	en mètres cubes par 24 heures.	
	Sources très chaudes, ou sources impériales.						
424,00	Source du Robinet romain.	69,53	21,09	30,37	27,83	40,08	69,49
423,65	— Stanislas........						
423,12	— Vauquelin.......	69,35	6,74	9,71			
	Sources chaudes (dans l'aqueduc même).						
420,80	Source n° 1...........	53,91	46,67	67,20	278,74	401,38	58,42
id.	— n° 2...........	55,81	20,13	28,99			
id.	— n° 3...........	59,10	39,88	57,43			
id.	— n° 4...........	59,23	9,37	13,49			
id.	— n° 5...........	65,21	106,35	153,14			
id.	— n° 6...........	50,50	18,52	26,67			
id.	— n° 7...........	52,56	17,20	24,77			
id.	— n° 8...........	40,80	10,19	14,67			
421,30	— Mougeot........	58,50	4,65	6,70			
420,80	Filets de la paroi sud....	47,65	5,78	8,32			
420,70	Source du Puisard.......	34,70	16,72	24,08	16,72	24,08	34,70
				TOTAUX.........	323,29	465,54	
				TEMPÉRATURE MOYENNE.............			58,14

[1] Toutes les cotes sont rapportées au niveau de la mer, en partant de la cote donnée par l'état-major, 430m,739, seuil de l'ancienne église.

GROUPE DES SOURCES SAVONNEUSES.

Sources n° 1 à 5. — Les sources de la galerie des savonneuses sont captées à la roche. Un petit enchambrement recueille les eaux sur le griffon même de chacune d'elles. L'atmosphère est à une température à peu près constante, et ces sources se trouvent par cela même dans des conditions très favorables à l'observation.

Les tableaux suivants montrent néanmoins que ces eaux éprouvent des variations assez sensibles dans leur débit et dans leur température. Si ces variations résultaient d'une action extérieure immédiate, telle que des infiltrations d'eau superficielle, à la suite de pluies continues, on verrait la température se modifier en raison inverse du débit, et toutes les sources suivre en quelque sorte les mêmes inflexions proportionnellement à leur température et à leur débit; mais il n'en est pas ainsi. On ne retrouve pas cette régularité théorique en examinant les tableaux que nous avons dressés (1), et il paraît probable que ces variations dépendent d'une cause plus générale; il nous suffira, entre autres exemples, de citer la source n° 3, dont le débit moyen est de $8^{\text{lit}},24$ par minute, et qui nous a donné :

	lit.
Le 8 novembre 1859	6,97
Le 9 décembre	7,14
Le 24 décembre.	9,09
Le 7 janvier 1861.	10,40

et dont la température n'a varié que de quelques dixièmes de degrés seulement.

La source n° 1 comprend deux griffons dont nous avons

(1) Nous voulons parler des tableaux graphiques manuscrits dans lesquels les observations météorologiques sont placées en regard des observations faites sur les sources, mais nous avons supprimé, dans ce travail, tout ce qui n'avait pas un rapport direct avec les sources elles-mêmes.

vu la température s'écarter le 5 décembre 1860, jusqu'à 12° pour le griffon est, et 19°,5 pour le griffon ouest. Mais la différence est habituellement moins grande. Ces griffons sont tellement rapprochés que leurs eaux se confondent facilement, et le débit de la source est si peu considérable qu'il paraît inutile de les isoler l'un de l'autre ; l'expérience que nous venons de citer prouve néanmoins que l'un d'eux est en relation plus immédiate avec le foyer commun des sources minérales.

Galerie des savonneuses. — Jaugeage.

DATES.	N° 1.	N° 2.	N° 3.	N° 4.	N° 5.
1859, 9 juillet...	7,01	L'enchambrement a été refait le 4 déc. 1860.	6,87	3,35	6,12
— 15 — ..	7,31		7,50	3,45	6,18
— 21 — ..	6,67		6,98	2,94	6,52
— 29 — ..	7,31		9,09	2,91	6,19
— 5 août....	6,80		8,33	3,06	6,25
— 18 — ...	6,97		8,57	3,00	6,12
— 26 — ...	6,66		8,11	3,00	5,88
— 7 septemb.	6,38		7,31	3,12	5,88
— 27 octobre..	(7,42)		6,52	3,16	5,77
— 8 novemb.	8,45		6,97	3,10	5,88
— 9 décemb..	10,71		7,14	3,09	5,88
— 24 — ..	6,98		9,09	2,43	5,60
1860, 7 janvier..	(8,40)		10,40	2,64	6,25
— 18 février..	9,83		8,57	2,57	5,85
— 18 avril....	7,50		8,11	2,78	6,12
— 26 mai....	8,10		8,00	2,42	5,66
— 18 juillet...	7,06		7,50	2,60	5,77
— 28 août....	8,23		8,28	2,22	5,58
— 2 octobre..	8,43		8,21	2,36	5,64
— 5 décemb..	»	10,34	»	»	»
1861, 10 janvier..	9,60	11,65	8,22	2,70	6,82
— 9 février..	7,01	9,10	7,80	2,50	6,10

Moyennes :

	lit.	m. c.		lit.	m. c.		lit.	m. c.
N° 1.	8,24	11,87		8,24	11,87	}	35,31 =	50,85
N° 2.	10,36	14,92	}	27,07	38,98			
N° 3.	8,23	11,85						
N° 4.	2,53	3,64						
N° 5.	5,95	8,57						

Les moyennes sont prises pour les années 1860 et 1861 seulement.

Pour les autres sources, nous ferons remarquer que le débit varie dans des limites bien plus larges que la température, et cela pour les sources les plus chaudes aussi bien que pour celles qui le sont moins.

Le tableau précédent et ceux qui suivent rapportent le débit et la température des cinq sources de la galerie des savonneuses.

Galerie des savonneuses. — Température.

DATES.	N° 1.	N° 2.	N° 3.	N° 4.	N° 5.
1859, 9 juillet . .	15,5	30,3	22,6	26,6	41,1
— 15 — . . .	16,7	30,6	22,6	26,1	41,0
— 21 — . . .	15,6	29,6	22,6	27,1	41,1
— 29 — . . .	16,1	30,4	22,8	27,3	41,0
— 5 août. . . .	16,1	30,3	22,6	27,6	40,6
— 18 —	16,6	30,3	22,6	27,6	40,6
— 26 —	17,1	30,6	22,8	27,6	40,6
— 7 septemb.	17,4	29,6	23,1	27,6	40,3
— 27 octobre. .	19,6	31,1	23,4	27,8	40,6
— 8 novemb. .	17,4	30,9	23,6	27,8	40,6
— 9 décemb. .	16,8	30,9	23,4	27,7	40,6
— 24 — . .	17,6	31,1	23,6	27,8	40,6
1860, 7 janvier. .	15,6	20,6	23,3	26,8	40,0
— 18 février. .	15,6	30,4	23,3	27,4	40,6
— 18 avril. . . .	16,3	30,1	22,6	27,1	40,6
— 26 mai	14,6	30,0	22,3	27,0	40,5
— 18 juillet. . .	16,8	29,7	22,5	27,6	40,6
— 28 août. . . .	15,6	29,9	22,8	27,8	40,6
— 2 octobre. .	15,4	29,8	22,7	27,6	40,6
1861, 10 janvier. .	15,0	29,8	22,1	26,5	40,5
— 9 février. .	15,5	29,7	21,8	26,4	39,5

Moyennes :

N° 1. 15°,60
N° 2. 39,91
N° 3. 22,38
N° 4. 27,13
N° 5. 40,46

(N° 2 à N° 5 : 29°,69 ; N° 1 à N° 5 : 26°,39)

Températures moyennes de 1860 et 1861 seulement.

En résumé, la galerie des sources savonneuses nous

fournit 35^{lit},31 par minute, ou 50^{mc},85 en vingt-quatre heures, d'eau minérale à la température de 26°,39.

Si l'on fait abstraction de la source n° 1, qui représente comme la source Bizot, avec laquelle nous la réunirons par ce motif, un degré tout à fait infime de minéralisation, le débit s'élève à 27^{lit},07 par minute, ou 38^{mc},98 par vingt-quatre heures, à la température moyenne de 29°,69.

Le débit et la température de chacune des sources savonneuses s'établissent ainsi :

Galerie des savonneuses. — Débit et température.

Numéros des sources.	Température moyenne.	DÉBIT en litres par minute.	DÉBIT en mètres cubes par 24 h.	MOYENNES.
N° 1.	15,60	8,24	11,85	N° 1, temp. 15°,60. Nos 3 à 5, temp. 29°,69.
N° 2.	29,91	10,36	14,92	lit. mèt. c.
N° 3.	22,38	8,23	11,85	Débit 8,24 11,85
N° 4.	27,13	2,53	3,64	Débit 27,07 38,98
N° 5.	40,46	5,95	8,57	Total. 35,31 50,83

SOURCES ISOLÉES.

1° *Source des Dames.* — La source des Dames, placée dans le bain de ce nom, est employée partie en bain, partie en boisson : elle n'a éprouvé aucun changement ; le béton romain qui recouvre la source, au lieu d'être à fleur du sol, comme pour la source du Crucifix, est recouvert lui-même par l'établissement des bains ; aussi, la température de la source est-elle beaucoup plus fixe que pour celle-ci. Cependant elle varie encore d'un degré (de 51 à 52°), et l'on doit peut-être attribuer ces variations à la source elle-même, plutôt qu'au trajet qu'elle parcourt pour arriver à la buvette.

Le débit de la source, à la buvette, dépend de la charge

d'eau qui existe dans le réservoir inférieur au dallage de la salle de bain, où se trouve une émergence généralement ignorée. Cet orifice inférieur était jadis l'issue principale de la source destinée, par les Romains, à alimenter la piscine construite en cet endroit. Rouvroy nous apprend que de son temps la source s'écoulait encore par cet orifice, et que, lorsqu'on le fermait, l'eau remontait jusqu'aux deux ouvertures qui alimentent la buvette actuelle.

Cet état de chose a été modifié par les constructions exécutées, il y a déjà longtemps, pour la construction des piscines actuelles. Bien que l'orifice situé sous l'hypocauste se trouve à 1^{m},15 au-dessous de la buvette, et qu'il soit habituellement ouvert, la plus grande partie de la source s'écoule par le robinet de la buvette et donne 13 litres par minute lorsque l'hypocauste est vide, tandis que le débit s'élève jusqu'à 16 ou 17 litres lorsque l'hypocauste est plein d'eau.

A partir du mois de novembre 1859, nous avons pu jauger le produit de toutes les eaux qui proviennent du bain des Dames, soit par le robinet de la buvette seulement, soit par le dallage inférieur à l'hypocauste, et nous avons trouvé une moyenne de 20 à 21 litres par minute, pour l'ensemble de ces deux orifices.

Cette source se trouve et s'est trouvée de tout temps dans des conditions exceptionnelles de stabilité; on ne rencontre guère de conditions semblables, et même un peu moins assurées, qu'à la source du Crucifix : elle fournit donc un excellent sujet d'études et de comparaison, surtout lorsqu'on veut discuter la valeur des observations faites à diverses époques sur les sources de Plombières.

Nous nous sommes attaché à la jauger très fréquemment, en ayant bien soin que rien ne fût modifié dans l'état des lieux. Nous avons souvent trouvé des différences de 1 à 2 litres qu'on ne peut attribuer à des causes extérieures :

pour chaque expérience, on répétait plusieurs fois le même jaugeage, et la concordance parfaite des résultats obtenus, contrastait avec les résultats de l'expérience précédente.

Un grand nombre d'expériences entreprises sur le jaugeage et la température de la source des Dames, exécutées pendant cinq années, ont donné les résultats suivants :

Source des Dames. — Débit et température.

DATES.	Température. 1	Jaugeage du robinet. 1	Jaugeage total. 2	DATES.	Température. 1	Jaugeage du robinet. 1	Jaugeage total. 2
1857, 17 sept..	51,0	16,65	» [3]	1859, 13 avril.	51,1	15,95	» [4]
— 6 octob.	51,5	16,00	»	— 23 —	51,1	16,15	» [5]
— 12 —	51,2	17,00	»	— 29 —	51,0	16,15	» [6]
— 22 nov. .	51,4	16,25	»	— 19 mai. .	51,1	16,37	» [7]
— 8 déc. .	51,6	16,26	»	— 23 juin. .	51,4	15,06	»
1858, 11 janv..	51,0	16,36	»	— 7 juillet	51,4	14,00	» [8]
— 13 févr..	51,0	16,74	»	— 15 —	51,3	13,04	»
— 15 juin. .	51,8	16,22	»	— 23 —	51,4	15,00	» [9]
— 6 juillet	51,9	16,80	»	— 29 —	51,4	15,14	»
— 27 —	52,0	16,43	»	— 18 août.	51,4	15,00	»
— 3 août.	51,9	16,70	»	— 7 sep...	51,3	14,71	»
— 17 —	51,9	14,61	»	— 27 octob.	51,0	13,00	» [10]
— 24 —	51,9	16,43	»	— 29 —	51,0	12,50	»
— 1 sept..	52,0	15,38	»	— 8 nov. .	51,0	13,33	21,43
— 14 —	51,8	16,73	»	— 9 déc. .	51,0	12,50	20,68
— 5 octob.	52,0	15,78	»	— 24 —	51,0	12,50	20,00
1859, 20 janv..	51,2	15,79	»	1860, 14 janv..	51,0	13,26	21,64
— 3 févr..	51,1	15,78	»	— 22 mars.	50,7	13,24	20,00
— 18 —	»	15,78	»	— 20 avril.	50,8	13,43	20,13
— 26 —	51,3	15,57	»	— 28 août..	51,4	13,64	20,27
— 18 mars.	51,0	16,00	»	— 2 octob.	51,3	13,89	»
— 31 —	51,1	16,10	»	— 28 nov..	51,6	13,40	»
— 7 avril..	51,1	15,45	»	1861, 9 févr..	51,8	14,28	»

Moyennes :

Température, 51°,40.

Débit total, 20lit.,59. = 29m c,65.

[1] Température et jaugeage au robinet de la buvette.
[2] Jaugeage du produit des deux orifices à son arrivée dans le réservoir des baignoires du Bain romain.
[3] La source située au fond de l'hypocauste est fermée par un tampon.
[4] On enlève le tampon qui fermait la source située sous l'hypocauste.
[5] L'hypocauste est rempli.
[6] L'hypocauste est vide depuis quelques heures.
[7] L'hypocauste est rempli.
[8] L'hypocauste est vide depuis le 4 juillet.
[9] L'hypocauste est plein.
[10] L'hypocauste est vide.

2° *Source du Crucifix.* — La source du Crucifix est placée sous les arcades, et provient des travaux de captage antiques qui, du reste, n'ont presque pas reçu de modifications jusqu'à ce jour. Elle est principalement employée en boisson.

Sa position rend très faciles et, par conséquent, très exactes les observations de température et de jaugeage qui ont été faites de tout temps au robinet de la buvette. Elle a été légèrement influencée à ce double point de vue, par les travaux de captage, et fournit le sujet de remarques particulières sous ce rapport.

Les jaugeages faits pendant l'année 1857 permettent d'apprécier sûrement l'état ancien de la source.

La température variait de 2°,1 (de 46°,0 à 48°,1) : le maximum, d'après des observations plus anciennes, correspondait aux chaleurs de l'été, et le minimum aux rigueurs de l'hiver; cela n'a rien de surprenant, et nous en donnerons plus loin les motifs (voyez, *Résidu salin*).

La température moyenne de l'année était de 46°,9.

Les variations du débit étaient indépendantes de la température comme on devait bien le prévoir d'après cela, mais elles s'étendaient jusqu'à $\frac{1}{10}$ du débit moyen de la source qui était de 7^{lit},59 par minute.

Les travaux de l'aqueduc étaient arrivés au mois de mai 1858, à la hauteur de la source du Crucifix; ils n'avaient d'autre effet que de déblayer les alluvions du Thalweg, et de faciliter l'écoulement des eaux des sources venant de fond au travers de ces terrains rapportés. Le granite n'était même pas accessible dans cette région et l'on aurait pu croire que ces travaux, en quelque sorte tout superficiels, n'auraient aucune influence sur une source captée par les Romains, sur la berge granitique, à une distance de plus de 20 mètres. Mais il en a été autrement, et ce qui est surtout remarquable, c'est que l'abaissement du débit a lieu lentement, par gradations insensibles, pendant que les travaux étaient complétement suspendus.

Ce fait montre bien la corrélation des sources des berges plus ou moins tempérées, avec les sources de fond du Thalweg, dont elles constituent en quelque sorte les trop-pleins, puisqu'on agit sur les unes en modifiant le niveau d'écoulement des autres, sans toucher à la roche d'où elles s'échappent, il montre encore la lenteur avec laquelle s'effectuent ces changements.

La diminution de la température de la source du Crucifix est due à ce que les sources du Thalweg n'étant probablement plus refoulées sur leurs griffons, n'envoient plus à cette source quelques filets d'eau très chaude qui s'y rendaient anciennement et qui augmentaient son débit, mais elle résulte sans doute en même temps d'une autre cause. Les eaux minérales du Thalweg se trouvant retenues à un niveau plus élevé, communiquaient leur haute température à toutes les roches avoisinantes, et réchauffaient l'eau minérale tempérée qui traversait le granite. Depuis qu'elles sont mieux recueillies, et à un niveau inférieur, la roche a dû revenir à la température moyenne du sol, et les eaux chaudes qui la traversent se refroidissent davantage dans leur parcours.

Depuis le mois de janvier 1859, la source a pris un régime régulier qui reproduit les variations qu'elle offrait antérieurement.

La température oscille entre les limites extrêmes de 41°,1 à 45°,1 qui correspondent aux saisons d'hiver et d'été. Le débit varie entre 5 et 6 litres par minute, et donne une moyenne de $5^{lit},33$ par minute.

Source du Crucifix. — Débit et température.

DATES.	Température.	Débit par minute.	DATES.	Température.	Débit par minute.
1857, 13 juillet....	47,6	7,40	1859, 26 février ...	42,8	5,35
— 29 —	46,8	7,33	— 18 mars.....	42,5	5,50
— 5 août.....	46,7	7,12	— 31 —	42,5	5,50
— 28 —	»	7,36	— 7 avril.....	42,6	5,00
— 17 septembre.	48,1	7,65	— 13 —	42,8	5,60
— 26 —	46,3	7,00 [1]	— 23 —	42,8	5,59
— 6 octobre...	47,0	8,00	— 19 mai......	43,6	5,93
— 12 — ...	47,1	7,70	— 23 juin	44,0	5,40
— 22 novembre .	47,0	7,90	— 1 juillet....	44,2	5,25
— 11 décembre .	46,4	7,71	— 7 —	44,6	5,40
1858, 11 janvier ...	46,0	7,58	— 23 —	45,1	5,25
— 13 février....	44,5	6,30 [2]	— 29 —	45,1	5,30
— 15 juin......	46,8	6,66	— 18 août.	45,1	5,22
— 22 —	46,6	6,50	— 30 —	45,0	5,00
— 6 juillet....	46,2	6,10	— 7 septembre.	44,5	5,00
— 12 — ...	46,1	6,07	— 27 octobre. ..	43,6	5,50 [5]
— 20 — ...	46,1	6,00	— 29 — ...	43,2	5,00
— 27 — ...	45,7	5,80	— 8 novembre.	43,0	5,22
— 3 août.....	45,9	5,65	— 9 décembre .	42,0	5,31
— 10 —	46,1	5,77	— 24 —	41,0	5,13
— 17 —	46,4	5,77	1860, 14 janvier. ..	42,0	6,00
— 24 —	46,4	5,66 [3]	— 22 mars.....	41,7	5,85
— 1 septembre.	45,2	5,88	— 20 avril	42,0	5,54
— 14 —	45,2	5,85	— 18 juillet. ...	44,3	5,21
— 21 —	46,0	5,75	— 28 août	44,2	5,00
— 28 —	45,6	5,78	— 2 octobre...	43,9	5,00
— 5 octobre. ..	46,3	5,66	— 28 novembre.	42,6	5,30
1859, 12 janvier....	42,8	5,00 [4]	— 25 décembre..	42,2	»
— 20 — ...	42,8	5,00	1861, 10 janvier ...	42,1	»
— 18 février....	»	5,35	— 9 février....	41,5	5,56

Moyennes [6] :

Température, 43°,21.
Débit, 5lit,33. = 7m.c.,68.

[1] Etat ancien de la source avant les travaux de captage :
Débit moyen, 7lit.,59 10m.c.,93.
Température moyenne, 46°,90.

[2] Mai 1858. — Les fouilles de l'aqueduc du thalweg sont arrêtées à la hauteur de la source du Crucifix. Tous les travaux sont suspendus jusqu'au mois de septembre.

[3] Reprise des travaux de fouille dans les alluvions du thalweg.

[4] 24 novembre 1858. — Les fouilles sont achevées jusqu'aux étuves nouvelles.

[5] Etat actuel de la source.

[6] Moyenne de 32 observations, du 12 janvier 1859 au 9 février 1861.
Cote du robinet d'écoulement 426,47

2° *Source des Capucins.* — Cette source jaillit du fond de la piscine du même nom, par un trou circulaire entaillé dans le dallage, et sert uniquement à alimenter ce bassin. Une galerie latérale, partant de l'aqueduc du Thalweg, a mis à découvert l'origine de la source, et nous a permis de reconnaître les travaux exécutés par les Romains sur ce point : mais là, comme pour les sources très chaudes, la source, parfaitement captée par les Romains, avait fini par obstruer l'unique issue qui lui avait été ménagée, en y accumulant les déblais granitiques qu'elle charrie continuellement, et son débit s'en trouvait fort diminué ; bien que cette source soit assurément en relation avec les sources de l'aqueduc du Thalweg, que nous avons recueillies à un niveau beaucoup plus bas (1), nous avons encore une quantité d'eau considérable sur le griffon des Capucins.

L'eau s'échappe par une fente granitique bien accusée dirigée vers le sud-est, qui n'a pas les apparences d'un filon, et au voisinage de laquelle on trouve à peine quelques traces de quartz hyalin : mais elle était remplie d'argile rouge compacte, que nous considérons comme une halloysite impure, et c'est sur ce point que nous l'avons observée pour la première fois.

Deux points d'émergence, l'un venant de fond, l'autre plus abondant, venant du côté de l'est, ont le premier 47 et le second 52 degrés ; quelques suintements d'eau minérale venant du côté opposé n'ont que 27 degrés, et n'ont peut-être qu'un rapport éloigné avec la source minérale elle-même.

(1) Cette relation est surtout bien marquée avec une cheminée romaine, en pierre de taille, située à 28 mètres en aval de l'enchambrement n° 2, établie au milieu du béton, et que nous avons laissée en évidence dans l'intérieur de l'aqueduc ; en débouchant cette cheminée, on agit sensiblement sur la source des Capucins.

Le 21 mai 1859, la source coulant à fleur du granite, sans charge d'eau sur le griffon, nous a donné 50^{lit},87 par minute, ou 73^{m},25 cubes par vingt-quatre heures.

Dans les conditions où nous avons dû la placer, et pour qu'elle continue à alimenter la piscine des Capucins, elle donne encore au niveau de l'écoulement inférieur, c'est-à-dire à 1^{m},32 au-dessous du sol de la piscine, 43^{lit},87 par minute, ou 63^{mc},17 en vingt-quatre heures, à une température de 51 degrés (1).

Voici le résumé des expériences faites à des époques assez éloignées sur la température et le débit de la source des Capucins.

Source des Capucins. — Débit et température.

DATES.	Température	Débit.	OBSERVATIONS.
1859, 27 octobre...	52,4	41,66	*Moyennes :*
— 8 novembre.	50,8	42,86	
— 22 —	49,8	44,11	Température, 51°,0
— 9 décembre.	» [1]	46,15	lit. m.c.
— 24 —	»	42,85	Débit, 43,87 = 63,17
1860, 7 janvier...	»	44,35	
— 18 février...	»	42,86	
1861, 26 mars.....	»	46,15	

[1] L'état des lieux ne permet plus de prendre la température au griffon.

4° *Source Fournie.* — Les travaux exécutés pour l'agrandissement de la maison Fournie, située dans la Grande-

(1) Il est regrettable au point de vue de l'aménagement des eaux, de consacrer 63 mètres cubes d'eau uniquement à l'alimentation d'une piscine qui n'en peut contenir plus de 8^{m},50 ; en sorte que tout l'excédant est perdu. Il nous semblerait plus rationnel d'alimenter cette piscine comme les autres piscines de Plombières, sauf à lui conserver sa température actuelle, ce qui serait facile, et de verser ces 63 mètres cubes d'eau dans le mouvement général d'alimentation.

Rue de Plombières, en face de la buvette du Crucifix, ont obligé à entailler assez profondément le granite; nous avons profité de cette occasion pour poursuivre un filet d'eau minérale qui se manifestait déjà par quelques suintements dans la cour de l'ancienne maison.

Bien que l'enchambrement soit très étroit, il comprend trois griffons correspondant à autant de fentes dans le granite, tapissées d'un enduit quartzeux et remplies de ces dépôts d'halloysites ou d'argile rouge et onctueuse qui accompagnent toutes les sources minérales de Plombières.

Ces trois émergences sont réparties sur une longueur de moins de 0m,70, et cependant leur température offre des différences de 4 à 5 degrés.

Cette source donne 3lit,21 d'eau à la température de 35°,27, ainsi qu'il résulte des expériences consignées dans le tableau suivant:

Source Fournie. — Débit et température.

DATES.	Température.	Débit.	OBSERVATIONS.
1859, 7 mai..	36,6	3,24	Jaugeage à 0m,15 au-dessus du
— 30 août..	38,6	3,53	granite, à la cote 426m,28.
1861, 9 mars.	N° 1. 34,0 N° 2. 38,5 N° 3. 35,8 Ench. 36,0	2,94	*Moyennes :* Température, 35°,27
— 22 —	»	3,20	Débit, 3lit.,21 = 4m.c.,62
— 26 —	»	3,16	

5° *Sources Lambinet et du Trottoir.* — La source Simon et la source de Luxeuil ayant été enlevées par les travaux de rectification de la route impériale n° 57, nous en avons ressaisi les débris éparpillés dans le voisinage, et malgré la gêne résultant des constructions qui s'élevaient sur les terrains occupés par les sources, nous sommes parvenu à obtenir une quantité d'eau minérale à peu près égale à celle qui avait disparu, et ayant une température presque aussi élevée.

Les deux sources que nous avons enchambrées, sur cet emplacement, au bord de la route impériale n° 57, sont les sources *Lambinet* et du *Trottoir*.

La première est située dans la maison de madame veuve Lambinet, au-dessous et au nord-est de la caserne de la gendarmerie ; elle a deux points d'émergence, dont la température était, le 4 avril 1860, de 25°,1. Deux jaugeages effectués les 14 et 22 mars 1861, nous ont donné un débit moyen de 16lit,88 par minute à la température de 26°,36.

Source Lambinet. — Débit et température.

DATES.	Température	Débit.	OBSERVATIONS.
1861, 14 mars.....	26,2	15,78	Moyennes : Température, 26°,36
— 22 —	26,5	16,44	Débit, 16,8 lit. = 821,38 m. c.
— 26 —	26,4	16,44	

La source du Trottoir émerge, comme la précédente, d'un granite fissuré et traversé par des filons quartzeux. Elle est enchambrée sous le trottoir sud de la route de Luxeuil, et donne 10 litres d'eau minérale à la température de 25 à 26 degrés.

Source du Trottoir. — Débit et température.

DATES.	Température	Débit.	OBSERVATIONS.
1859, 9 décembre.	26,1	10,91	Température et jaugeage à la sortie de l'eau de l'autre côté de la route.
— 24 —	25,6	10,71	
1860, 22 mars.....	24,8	10,17	Moyennes : Température, 25°,50
1861, 10 janvier...	25,0	9,46	Débit, 9,91 lit. = 14,27 m. c.
— 9 février...	26,0	8,32	

6° *Source Muller.* — Celle-ci est, parmi les sources tempérées de la rive gauche, la seule qui appartienne à l'État, bien que les sources tempérées s'y trouvent en assez grand nombre et disséminées sur une foule de points par petites fractions dans des maisons particulières. Elle est alimentée par quatre émergences tombant des fentes du granite qui sont très largement ouvertes. Les eaux minérales qui en proviennent se réunissent dans le même enchambrement.

Le jaugeage a été opéré le plus souvent sur la totalité des sources, mais les observations de température ont porté sur chaque griffon en particulier.

Le tableau suivant nous montre que le débit de la source Muller était de 6 à 8 litres, et nous avons même une fois trouvé seulement (1) $4^{lit},72$ par minute.

La température des griffons variait :

pour le n°	1	de	29°	à	34°
—	2	de	32	à	34,1
—	3	de	39,1	à	41,2
—	4	de	26,1	à	31

La source Muller est située à plus de 100 mètres du point le plus rapproché de nos travaux qui, en raison de la distance et de l'état des lieux, ne pouvaient d'ailleurs influer sur ses caractères ; ils s'achevèrent en effet sans qu'on eût observé aucun changement notable dans la température ou le débit de la source.

Mais en 1859, on commença sous la route d'Épinal un aqueduc destiné à recevoir les eaux pluviales. Cet aqueduc est situé à une faible profondeur, et bien qu'il ait été creusé dans le granite, sans donner lieu à aucune émergence bien caractérisée, son approche a influé sur la source, et le ré-

(1) Le 11 décembre 1857.

sultat a été très marqué lorsqu'il a été au point le plus voisin, bien que la distance fût encore de 25 mètres ; actuellement la source a un débit d'environ 5 litres par minute, et la température des griffons est :

pour le n°	1	de	28°,5	à	33°
—	2	de	30	à	34
—	3	de	39,5	à	41
—	4	de	27,8	à	31

D'après ces observations, encore incomplètes, on voit que la température des griffons n'a pas été affaiblie, tandis que le débit a varié d'une manière sensible.

La perte a peu d'importance, mais le travail entrepris par l'administration des ponts et chaussées n'avait pas un caractère dangereux ; nous ne citons cet exemple, comme celui de la source du Crucifix, que pour montrer de nouveau qu'on doit se garder d'attaquer la roche, même sur une faible profondeur, et dans un rayon étendu autour des sources minérales, si l'on tient à n'apporter aucun trouble dans leur écoulement.

Le tableau suivant résume les expériences faites sur le débit et la température de la source Muller.

Source Muller. — Débit et température.

DATES.	TEMPÉRATURES DES FILETS.				Débit par minute.
	N° 1.	N° 2.	N° 3.	N° 4.	
1857, 14 juillet...	33,5	33,5	40,5	30,5	8,00 [1]
— 29 — ..	33,3	33,0	39,5	29,5	7,82
— 5 août....	33,3	33,3	39,3	30,5	7,97
— 26 septemb.	32,1	32,5	39,8	28,5	7,33
— 22 novemb.	29,1	31,0	39,1	26,1	6,00
— 11 décemb.	31,0	32,5	40,5	27,6	4,72
1858, 11 janvier..	30,5	32,0	40,0	27,0	»
— 16 juin. ...	33,5	34,0	41,0	30,0	7,00
— 22 — ...	34,0	34,1	40,1	30,1	7,00
— 6 juillet...	33,1	34,0	41,0	30,1	6,00
— 12 — ..	34,0	31,5	41,1	30,1	6,70
— 20 — ..	33,1	34,1	41,2	30,0	6,90
— 27 — ..	34,0	34,5	41,1	31,0	6,00
— 3 août....	33,5	34,5	41,1	31,0	6,20
— 10 —	33,5	34,5	41,1	30,0	6,10
— 17 —	33,5	31,0	41,0	30,5	» [2]
— 24 —	33,5	34,5	41,0	31,0	»
— 14 septemb.	34,0	35,0	41,3	31,1	»
— 21 —	34,0	34,8	41,2	31,0	»
1859, 18 février..	27,0	28,2	38,0	26,0	6,66
— 31 mars....	30,0	31,0	40,0	28,0	5,20
— 20 mai	30,6	32,0	40,0	29,5	» [3]
— 23 juin	32,6	33,6	40,0	30,1	»
— 7 juillet...	34,6	34,1	40,5	31,4	»
— 15 — ..	34,8	34,6	40,6	30,1	»
— 23 — ..	35,1	34,6	40,8	31,4	6,22
— 29 — ..	35,0	34,6	40,8	31,3	5,66
— 18 août....	35,1	34,6	40,7	31,5	5,54
— 7 septemb.	35,0	34,1	40,6	29,6	5,10
— 27 octobre..	32,6	33,6	40,6	30,1	»
1860, 20 avril....	30,1	29,6	40,6	27,6	»
— 28 novemb.	28,6	29,6	40,1	29,0	»
1861, 9 février..	28,5	30,0	39,5	27,8	»
— 26 mars....	28,0	30,5	40,0	26,0	4,95 [4]

[1] Températures prises à chaque griffon. — Jaugeage fait au robinet de la borne-fontaine, sur la route d'Epinal. — Les tuyaux qui y amènent l'eau sont parfois en mauvais état, ce qui peut rendre les jaugeages inexacts si l'on n'y prend garde.

[2] Les tuyaux amenant l'eau au robinet de jaugeage perdent l'eau et les jaugeages sont suspendus.

[3] Id.

[4] Jaugeage fait dans l'enchambrement même à l'aide d'un barrage construit dans ce but.

7° *Sources Bizot.* — Ces sources sont recueillies presque à fleur du granite, sous le sol végétal, dans la cave d'une maison située sur la rive droite de l'eaugronne, à l'extrémité de la ville. Elles éprouvent des variations de débit considérables qui vont jusqu'à doubler leur volume. Il n'est pas douteux qu'elles résultent d'un mélange d'eau minérale et d'eaux superficielles. La température s'est abaissée très rarement au-dessous de 11 degrés et s'élève parfois jusqu'à 13 degrés; tandis que les sources non minérales du voisinage, telles que les sources Babel, Godet, etc., accusent en moyenne de 8 à 10 degrés.

Sources Bizot. — Débit et température.

DATES.	SOURCE N° 1.		SOURCE N° 2.		OBSERVATIONS.
	Temp.	Débit.	Temp.	Débit.	
1858, 14 septembre.	12,8	35,14	13,0	5,25	MOYENNES
1859, 7 avril......	9,4	»	9,4	»	
— 19 mai......	10,8	57,50	10,8	17,60	*Température :*
— 24 juin......	11,5	36,57	11,2	5,00	
— 7 juillet	11,5	36,67	11,6	5,90	N° 1. 11°,44 } 11°,45
— 15 —	11,7	30,93	11,9	5,00	N° 2. 11°,49 }
— 23 —	11,7	29,28	12,0	5,00	
— 29 —	11,9	30,85	12,1	5,05	*Débit :*
— 26 août......	12,4	27,60	12,6	4,23	lit. lit.
— 7 septembre.	12,4	28,75	12,6	4,80	N° 1. 36,41 } 43,85
— 27 octobre ...	12,8	48,00	12,6	9,00	N° 2. 7,44 }
— 9 décembre..	10,7	38,96	11,4	10,34	
1860, 22 mars......	8,7	55,57	9,4	16,90	m. c. m. c.
1861, 10 janvier....	11,5	29,63	11,0	5,67	N° 1. 52,43 } 63,14
— 9 février....	11,8	24,40	11,0	4,45	N° 2. 10,71 }

Ces sources ne sont pas utilisées actuellement pour l'alimentation des établissements thermaux.

Quant à la source Simon, qui a d'abord disparu et qui a ensuite reparu par intermittences, nous ne la mentionnerons que pour mémoire, puisqu'elle n'a pas un débit régulier.

§ III.--Résumé général sur le débit et la température des sources avant et après les travaux de captage.

Si l'on veut se rendre compte des résultats des travaux de captage au point de vue de la quantité et de la température des eaux, il convient de faire abstraction des sources sur lesquelles ces travaux n'ont pas porté ou qui ont été modifiées par des travaux autres que les nôtres. Nous ne parlerons donc ni de la source des Dames, ni de la source du Crucifix, dont le débit a été très peu modifié (2^{lit},20 par minute), ni de la source Muller, ni de la source Simon, ni de la source de Luxeuil : nous négligerons également les nouvelles sources Lambinet et du Trottoir, qui représentent vraisemblablement les débris de la source Simon et de Luxeuil ressaisies au moment où ces anciennes sources venaient de disparaître.

Le tableau suivant met les sources nouvelles en regard des sources anciennes qui leur correspondent.

Tableau comparé des sources anciennes et des sources nouvelles qui les ont remplacées.

SOURCES ANCIENNES.				SOURCES NOUVELLES.						
DÉSIGNATION des SOURCES.	DÉBIT en litres par minute.	DÉBIT en mètres cubes par 24 h.	TEMPÉRATURE.	DÉSIGNATION des SOURCES.	DÉBIT en litres par minute.	DÉBIT en mètres cubes par 24 h.	TEMPÉRATURE.	MOYENNES en litres par minute.	MOYENNES en mètres cubes par 24 h.	MOYENNES Température.
Sources du bain Romain et d'Enfer.	100,00	144,00	57,10	Aqueduc du thalweg, n° 1.	46,67	67,20	53,91	268,07	386,02	58,00
				— — n° 2.	20,13	28,99	55,81			
				— — n° 3.	39,88	57,43	59,10			
				— — n° 4.	9,37	23,40	59,23			
				— — n° 5.	106,35	153,14	65,21			
				— — n° 6.	18,52	26,67	50,50			
				Mougeot	4,65	6,70	58,50			
				Filets divers	5,78	8,32	47,65			
				Puisard	16,72	24,08	34,70			
Sources réunies.	10,65	15,34	62,60	Robinet romain. / Stanislas.	21,09	30,37	69,53	21,09	30,37	69,53
Sources nouvelles de la rue	32,60	46,94	47,50	Vauquelin.	6,74	9,71	60,35	34,13	49,15	52,30
				Aqueduc n° 7.	17,20	24,77	52,56			
				— n° 8.	10,19	14,67	40,80			
Savonneuses anciennes et nouvelles du jardin	7,98	11,40	22,67	Galerie des Savonneuses n°s 1, 2, 3, 4 et 5.	35,31	50,85	26,39	35,31	50,85	26,30
Source des Capucins.	28,75	41,40	49,70	Source des Capucins.	43,87	63,17	51,00	43,87	63,17	51,00
				— Fournie.	3,21	4,62	35,27	3,21	4,62	35,27
				— Bizot	43,85	63,15	11,45	43,85	63,15	11,45
				Résumé :						
				Sources impériales, de l'aqueduc, de la galerie des Savonneuses et des Capucins.				402,47	579,56	54,59
				Source Fournie				3,21	4,62	35,27
				— Bizot				43,85	63,15	11,45
TOTAL.	179,98	259,17	52,98	TOTAL.				449,53	647,33	50,05

Ainsi donc, bien que nous ayons porté au maximum, et souvent dans une proportion assez forte, l'évaluation du débit et de la température des sources anciennes, lorsque leur produit n'était pas susceptible de mesures exactes, on voit que nous avons augmenté à la fois ces deux éléments essentiels des sources thermales pour chacun des groupes sur lesquels ont porté les travaux de captage.

Au lieu de 259^{mc},17 d'eau minérale, limite supérieure du produit des anciennes sources qui ont été modifiées, on peut maintenant disposer de 584^{mc},18 d'eau (non compris les sources Bizot), fournis par des enchambrements facilement accessibles et qui paraissent offrir toutes les garanties nécessaires pour assurer la pureté et la conservation de ces sources précieuses.

La température des eaux réunies de ces différentes sources, qui était dans le passé de 52°,98, est actuellement de 54°,43.

La différence serait bien plus saillante, si nous avions voulu nous attacher à déterminer rigoureusement l'état réel des anciennes sources, et la quantité d'eau qui ne pouvait être utilisée par suite de la disposition des lieux.

Si l'on veut apprécier l'état actuel des sources minérales au point de vue de l'alimentation des bains et des services qu'elles peuvent rendre, il est préférable de suivre l'ordre des températures, et l'on forme ainsi le tableau suivant :

DÉSIGNATION des SOURCES.	ALTITUDE.	DÉBIT en litres par minute.	DÉBIT en mèt. cubes par 24h.	TEMPÉRATURE.	MOYENNES. DÉBIT en litres par minute	MOYENNES. DÉBIT en mèt. cubes par 24h.	MOYENNES. TEMPÉRAT.
N° 1. — SOURCES TRÈS CHAUDES.							
Robinet romain et étuve	424,00	21,09	30,37	69 53	27,83	40,08	69°, 4
Stanislas............	423,65						
Vauquelin...........	423,12	6,74	9,71	69,35			
Moyenne générale: Débit en litres, 27,83 ; en mèt.c., 40,08 ; tempér., 69°,49.							
N° 2. — SOURCES CHAUDES.							
Aqued. du thalweg, n° 1	420,08	46,67	67,20	53,91	278,74	401,38	58°,42
— — n° 2	Id.	20,13	28,99	55,81			
— — n° 3	Id.	39,88	57,43	59,10			
— — n° 4	Id.	9,37	13,49	59,23			
— — n° 5	Id.	106,35	153,14	65,21			
— — n° 6	Id.	18,52	26,67	50,50			
— — n° 7	Id.	17,20	24,77	52,56			
— — n° 8	Id.	10,19	14,67	40,80			
Source Mougeot........	421,30	4,65	6,70	58,50			
Filets................	420,80	5,78	8,32	47,65			
Source des Capucins....	420,88	43,87	63,17	51,00	43,87	63,17	51°,00
— des Dames......	427,54	20,59	29,65	51,40	20,59	29,65	51°,40
— du Crucifix.....	416,47	5,33	7,68	43,21	5,33	7,68	43°,21
Moyenne générale: Débit en litres, 348,43 ; en mèt. c., 501,88 ; temp., 56°,82.							
N° 3. — SOURCES TEMPÉRÉES.							
Galerie souterraine, n° 2	425,57	10,36	14,92	29,91	27,07	38,98	29°,69
— — n° 3	425,77	8,23	11,85	22,38			
— — n° 4	425,83	2,53	3,64	27,13			
— — n° 5	425,90	5,95	8,57	40,46			
Source du Puisard (aqueduc du thalweg).....	420,70	16,72	24,08	34,70	16,72	24,08	34°,70
Source Lambinet.......	433,25	16,88	24,31	26,36	16,88	24,31	26°,36
— du Trottoir.....	432,00	9,91	14,27	25,50	9,91	14,27	25°,50
— Fournie........	426,28	3,21	4,62	35,27	3,21	4,62	35°,27
— Muller.........	436,80	5,00	7,20	28,00	5,00	7,20	28°,00
— Simon.........	Intermittente.						
Moyenne générale: Débit en litres, 78,79 ; en mèt.c., 113,46 ; tempér., 29°,64.							
N° 4. — SOURCES TRÈS TEMPÉRÉES.							
Galerie n° 1..........	425,53	8,24	11,87	15,60	52,09	75,01	12°,08
Sources Bizot, n°s 1 et 2.	422,60	43,85	63,14	11,45			
Moyenne générale: Débit en litres, 52,09 ; en mèt.c., 75,01 ; tempér. 12°,08.							

Si l'on réunit par groupes successifs les moyennes des sources minérales, on obtient les résultats ci-après :

	lit.	mèt. cub.	
N°s 1 et 2.........	376,36	541,96	57°,78 centigr.
N°s 1, 2 et 3.......	455,15	655,42	52°,47
N°s 1, 2, 3 et 4.....	507,24	730,43	48°,71

L'établissement de Plombières peut donc disposer maintenant de 655 mètres cubes d'eau thermale, non compris les sources à faible température ; l'augmentation considérable du produit des sources permet de satisfaire largement à tous les besoins du service médical et de faire face sans difficulté aux nouveaux développements que cette station thermale paraît destinée à recevoir dans un prochain avenir.

CHAPITRE X.

FORCE ASCENSIONNELLE DES SOURCES MINÉRALES DE PLOMBIÈRES.

Quelle est la force ascensionnelle des sources minérales de Plombières ? Influe-t-on sur leur débit et dans quelle proportion, en relevant ou en abaissant leur niveau d'écoulement ?

Cette question, au premier abord, paraît fort simple à résoudre, et il semble qu'il suffit de quelques expériences disposées convenablement pour fournir des données positives ; cependant un examen plus attentif enlève beaucoup de la confiance qu'on pourrait avoir dans des résultats ainsi obtenus. Comme cette question a un caractère général, qu'elle s'applique à un grand nombre d'établissements thermaux et qu'elle peut prévenir une cause très fréquente d'erreurs dans les jaugeages, nous devons joindre quelques explications aux expériences que nous avons faites et dont nous allons rendre compte.

Lorsqu'une source telle que celle du puits de Grenelle est tubée depuis les profondeurs qui l'alimentent, ce n'est plus qu'une question élémentaire d'hydrostatique ; mais lorsqu'il s'agit de sources minérales, le problème est plus compliqué. La question théorique subsiste, mais on conçoit facilement que, suivant les circonstances relatives à la position du réservoir alimentaire, elle a une importance très variable : une différence de niveau de quelques mètres peut avoir des résultats insignifiants, si la puissance ascensionnelle des sources est considérable ; des résultats très grands, si le réservoir alimentaire est très voisin et que l'on se trouve presque à hauteur du niveau correspondant à ce réservoir.

Le résultat direct des expériences faites n'est donc pas suffisant pour conduire immédiatement à des conclusions positives. Si l'on a obtenu une augmentation de débit, cela peut tenir, dans certains cas, à ce qu'on a tari des fuites à l'extérieur, des effets d'infiltration, parfois même à ce qu'on a appelé sans le vouloir des eaux étrangères.

Cette question a donc un certain intérêt, soit au point de vue scientifique, soit pour l'appréciation des résultats d'un travail de captage, mais nous n'avons pas l'espoir de la résoudre complétement ; la solution dépend, dans chaque station, de circonstances tout à fait diverses et très difficiles à apprécier.

Nous voulons seulement citer les résultats que nous avons obtenus et les discuter.

Lorqu'on mesurait le débit de la source des Capucins avant les travaux, par la rapidité avec laquelle elle remplissait la piscine du même nom, on trouvait que son débit était de $28^{lit.},75$ à $0^{m},35$ au-dessus du dallage, de $10^{lit.},58$ à $0^{m},80$ au-dessus du même point, et qu'elle demeurait stationnaire à $1^{m},20$.

Les sources nouvelles de la rue, mises en expérience de la même manière, le 5 mai 1857, avant le début des travaux, nous ont donné $32^{lit},60$ au niveau du dallage du réservoir ; ce débit diminuait rapidement et devenait nul lorsque le niveau de l'eau s'élevait de moins de 1 mètre.

La source Lambinet, pendant les travaux de captage et sans aucune charge sur le griffon, nous donnait, le 4 avril

1860, $22^{lit},04$ par minute; depuis que l'enchambrement est terminé, la charge d'eau est de $0^{m},15$ seulement sur le griffon, et depuis le mois de mars 1861, le jaugeage a donné assez régulièrement $16^{lit},40$ par minute; mais il faut remarquer que la température, qui était de 25°,1 dans la première expérience, est devenue égale à 26°,36 en dernier lieu.

La source Fournie, dans les expériences faites les 14 et 15 janvier 1859, nous a donné :

	lit.	
A ras du sol de l'enchambrement. . . .	4,50	par minute.
A $0^{m},15$ plus haut que le sol.	3,30	—
A $0^{m},40$ (les eaux étant en charge depuis quarante-huit heures)	2,73	—

En sorte que la perte sur le débit primitif était de 28,9 p. 100 dans le premier cas, et de 39,5 p. 100 dans le second.

Pour ne pas multiplier les citations, nous arrivons tout de suite aux sources du thalweg.

Nous avons mis simultanément en expérience les enchambrements nos 1 et 5, qui forment un ensemble bien isolé, au moins en apparence, des autres sources minérales.

Le tableau ci-dessous présente les résultats que nous avons obtenus en maintenant les eaux à diverses hauteurs.

DATES.	N° 1.		N° 2.		N° 3.		N° 4.		N° 5.		TOTAUX.
	Degr.	Litres.	Degr.	Litres.	Degr.	Litres.	Degr.	Litres.	Degr.	Litres.	
1859, 27 avril.	51,7	50,00	53,0	10,34	56,4	31,11	57,0	7,89	64,8	105,0	204,34
— 30 —	52,5	43,08	54,0	6,52	56,5	13,33	55,8	3,75	65,0	84,0	150,60
— 2 mai.	52,5	42,00	54,1	14,28	57,0	15,79	55,0	2,00	65,0	85,7	159,77
— 4 —	52,8	54,50	54,5	13,06	58,5	27,61	58,0	7,37	65,2	11,7	204,23

Le 27 avril 1859, les eaux étant depuis longtemps dans les conditions habituelles, c'est-à-dire s'écoulant par l'orifice percé dans la paroi de l'enchambrement, un jaugeage, fait avec le plus grand soin, nous a donné par minute 204^{lit},34. A partir du 28 avril à midi, nous avons fait remonter les eaux de 0^{m},35 à 0^{m},40 au-dessus du niveau habituel, c'est-à-dire jusqu'au niveau supérieur de l'enchambrement, et le jaugeage fait dans ces conditions le 30 avril, nous a donné 150^{lit},68 ; cette opération répétée le 2 mai nous a donné 159^{lit},77.

Nous avons alors remis les eaux au même niveau que le 27 avril, et le jaugeage fait le 4 mai nous a donné 204^{lit},23, c'est-à-dire le même chiffre qu'au début.

Cette dernière expérience paraît assez significative, surtout en raison de la concordance remarquable des résultats obtenus à la fin et au commencement des expériences. Cependant nous hésitons à lui accorder une valeur absolue au point de vue qui nous occupe, au point de vue de la force ascensionnelle des eaux.

Il est évident que lorsqu'on force les eaux à remonter de 0^{m},30 dans des enchambrements pratiqués au travers des alluvions, comme le sont ceux du thalweg, les eaux minérales atteignent une nouvelle couche de gravier plus ou moins perméable : elles travaillent à en remplir tous les interstices et se répandent toujours plus loin dans cette couche en s'écartant de l'enchambrement.

Cette pénétration s'opère avec une lenteur extrême, et un effet semblable se produit en sens inverse si l'on abaisse le niveau de l'eau.

Ainsi, pour l'enchambrement n° 8, la source captée avant le 24 juin n'a cessé de décroître pendant tout le mois suivant, bien qu'à partir de la fin de juin, il n'ait plus été fait dans l'aqueduc du thalweg aucun travail de nature à influer sur le régime des sources (1). Les sources n°s 6 et 7

(1) Voyez pour les détails, les tableaux de jaugeage insérés dans le chapitre précédent.

donnent lieu à des observations analogues, et même il semble qu'au moment où nous écrivons, c'est-à-dire dix-huit mois après le captage, ce travail d'élaboration spontanée de ces dernières sources ne soit pas complétement achevé.

La source du Crucifix, dans la période de mai à septembre 1858, nous fournit un exemple analogue.

Les sources Simon, Müller et des Capucins nous ont montré de même que lorsqu'un travail souterrain, ou même superficiel, est de nature à influer sur une source minérale, les résultats n'en sont pas immédiats, comme si l'on venait en quelque sorte embrancher un tuyau sur un autre ; il faut attendre un temps assez long pour déterminer les résultats définitifs de l'entreprise et le régime normal de la source.

Ce n'est donc pas en maintenant les eaux tendues ou détendues pendant quelques jours seulement, qu'on peut avoir une appréciation exacte des débits qui correspondraient réellement à ce niveau artificiel, s'il était maintenu longtemps. Les jaugeages opérés, en laissant monter ou baisser les eaux dans un enchambrement, nous semblent particulièrement suspects : or, il arrive si fréquemment que ce procédé est le seul praticable, que l'on ne saurait trop insister sur les chances d'erreurs qu'il présente presque toujours.

Mais, d'ailleurs, les eaux ainsi tendues ne peuvent-elles pas trouver quelque autre orifice d'écoulement et s'échapper, en partie au moins, par des issues autres que celles où on les observe ? Il est rare que les sources soient tellement mises à découvert que l'on puisse répondre nettement à cette question. On voit que s'il est difficile d'apprécier sûrement par des mesures directes le débit normal des sources minérales à diverses hauteurs, lorsqu'on fait varier le niveau de l'eau dans les enchambrements dont on dispose, il est encore plus difficile de tirer de ces expériences des conclusions positives sur la puissance ascensionnelle de la gerbe d'eau minérale qui alimente les griffons.

Nous ne sommes pas plus disposé à prendre, pour mesure de cette force ascensionnelle à Plombières, la hauteur à laquelle émergent sur les flancs de la vallée les sources tempérées, telles que les sources Simon, Müller, etc. L'explication que nous avons donnée sur l'origine des sources thermales à diverses températures ne permet pas de s'arrêter à cette considération.

L'ensemble des expériences que nous avons faites, en les dégageant des causes d'erreur que nous venons de signaler, l'étude et l'aspect général des griffons captés à la roche, nous semblent indiquer que les eaux minérales de Plombières ont une puissance ascensionnelle très faible, et que le niveau de leur écoulement actuel n'est pas fort inférieur à celui où leur écoulement cesserait et où elles demeureraient stationnaires. Ce qui vient à l'appui de cette opinion et ce qui est incontestable comme résultat, surtout si l'on considère la galerie des sources Savonneuses, c'est qu'on augmente considérablement le débit en abaissant de quelques mètres le niveau d'écoulement des eaux minérales. L'augmentation très sensible de la température sur chaque point considéré isolément, comme sur l'ensemble des sources attaquées, montre en outre que cet accroissement est dû à ce que les sources sont recueillies dans un plus grand état de pureté et de richesse minérale que par le passé.

CHAPITRE XI.

INFLUENCE DES TREMBLEMENTS DE TERRE SUR LES SOURCES MINÉRALES DE PLOMBIÈRES.

Les tremblements de terre ont assez souvent occasionné dans le régime des eaux minérales des changements notables : des sources nouvelles ont surgi, des sources anciennes ont disparu. On a généralement admis ces effets comme résultant directement de l'action des forces souterraines manifestée par ces tremblements de terre.

L'histoire de Plombières fournit à cet égard un document dont on a souvent exagéré l'importance.

« Il existe, dit Lemaire, derrière la maison du sieur Jaquotel, au midi du grand Bain, une source d'eau chaude » qui était assez froide il y a environ soixante-quinze ans, » et qui n'est devenue chaude que depuis l'horrible tremblement de terre arrivé à Plombières et à Remiremont en » 1682. »

Lorsque les masses minérales sont soumises à des secousses assez puissantes pour renverser les édifices à la surface du sol, les parois des fentes qui traversent le granite ou les terrains sédimentaires ne peuvent manquer d'être violemment agitées : il doit se déterminer de nouvelles fractures. Celles qui existaient déjà se referment ou s'élargissent ; les eaux minérales qui les traversent changent de voie d'écoulement et forment avec les eaux froides des mélanges momentanés ; elles charrient les matières détachées des parois des filons. L'émergence d'une nouvelle source thermale comme celle que nous signale Lemaire, les variations de débit ou de température, sont donc, dans le plus grand nombre des cas, le résultat d'une action mécanique très simple.

Du reste, le tremblement de terre que nous venons de citer a présenté des phénomènes tout à fait exceptionnels et d'une intensité vraiment extraordinaire : son effet fut particulièrement marqué à Remiremont, qui paraît avoir servi de centre aux secousses ; elles ne s'étendaient que dans un rayon de cinq à six lieues autour de cette ville. Les oscillations, accompagnées d'un bruit souterrain semblable à celui du tonnerre le plus violent, se produisirent surtout pendant la nuit et presque jamais pendant le jour. C'est dans le fond des vallées que leur action fut le plus redoutable. Dans la nuit du lundi au mardi 12 mai 1682, vers deux heures du matin, une série de secousses épouvantables faillit ruiner complétement la ville de Remiremont : les bâtiments les plus solidement établis, tels que l'église et l'abbaye, furent profondément ébranlés ; des flammes sortant du sein de la terre furent aperçues en plusieurs endroits, voltigeant à la surface du sol traversé par de profondes crevasses. « Mais ce qui est plus surprenant, » dit le manuscrit où nous puisons ces détails, et qui est écrit par un contemporain, « c'est que depuis trois semaines en ça » l'on entend encore de temps en temps des grondements » souterrains par diverses reprises qui renouvellent les » peurs et consternations d'un chacun, ne sachant pas » quand ils finiront. »

Beaucoup de personnes, à Remiremont comme à Plombières, furent ensevelies sous les ruines, et la plupart des habitants prirent le parti d'aller camper hors de la ville, en rase campagne.

Pendant notre séjour à Plombières, dans la nuit du 6 au 7 avril 1859, nous avons pu observer nous-même un tremblement de terre assez violent. Nous nous sommes empressé de vérifier immédiatement l'état des sources, de constater leur débit et leur température, mais nous n'y avons remarqué aucun changement sensible. Les tremblements de terre observés à Bourbonne en avril et mai 1861 n'ont également exercé aucune influence sur les sources de Plombières.

Les tremblements de terre ne paraissent pas être bien rares au voisinage de Plombières, mais ils passent le plus souvent inaperçus : ainsi nous avons appris qu'en 1853 ou 1854, un tremblement de terre avait été assez fort pour occasionner l'écroulement d'un vieux mur et la chute d'un arbre sur la route d'Épinal ; mais déjà en 1857, le souvenir en était tellement effacé, que nous n'avons pu obtenir aucune indication plus précise, et ce fait était déjà presque entièrement oublié.

Il n'est donc pas possible de prouver par des observations régulières que les tremblements de terre soient d'une fréquence particulière dans la région thermale dont nous nous occupons ; mais les quelques faits que nous venons de citer permettent de le présumer, et les tremblements de terre de Bourbonne confirment cette opinion : ils établissent en effet de la façon la plus saisissante la relation de ce phénomène avec l'origine de cette station thermale. Ces tremblements de terre, qui se sont fréquemment répétés du 14 avril au 25 mai 1861, ont exercé une action sensible, quoique très peu considérable, sur le régime des sources thermales de cette localité ; mais ce qui est tout à fait remarquable, c'est que les villages dans lesquels ils se sont fait sentir forment sur la carte un cercle très régulier de 30 kilomètres de diamètre, dont Bourbonne occupe le centre.

CHAPITRE XII.

SOURCE THERMALE INTERMITTENTE.

Les expériences de jaugeage que nous rapportons plus haut mettent hors de doute les variations de débit et de température que subissent les sources minérales de Plombières, sous l'influence de circonstances qu'il est difficile actuellement de définir avec précision.

Une d'elles présente depuis quelque temps un caractère remarquable d'intermittence.

La source Simon, attaquée par les travaux de fouille entrepris dans le voisinage et étrangers aux travaux de captage, a diminué graduellement, et, le 30 août 1859, elle a cessé complétement de couler.

Depuis cette époque, elle a eu trois intermittences bien marquées.

La première période a commencé le 12 décembre 1859 pour se terminer le 28 août 1860 : au moment du maximum, la source fournissait par minute 14[lit],66 d'eau minérale à 36°,2 centigrades.

La seconde période a commencé en octobre 1860 et s'est terminée en février 1861 : la source donnait le 10 janvier par minute 13[lit],79 à 34°,7 centigrades.

La troisième période a commencé le 12 mars 1861 et s'est terminée au milieu du mois de mai de la même année : la source a fourni au maximum 9[lit],60 d'eau à 37°,2.

Chaque fois la source s'est remise à couler en augmentant peu à peu de débit jusqu'à un certain maximum de 13 à 14 litres par minute, qu'elle n'a pas dépassé ; puis elle a décru avec la même lenteur qu'elle avait mise à s'accroître.

La température a été dès le début à peu près telle qu'elle s'est maintenue jusqu'à la fin (1).

Pendant tout ce temps on ne faisait dans un vaste rayon aucun travail de fouille susceptible d'influer sur le débit de la source.

Il est probable que ces intermittences sont dues à l'effet d'infiltrations profondes ; leur marche régulière paraît le

(1) La température est nécessairement observée dans le réservoir de la source, taillé dans le granite au-dessus du griffon, et qui a une assez grande étendue : lorsque le débit est très-faible, on constate sans doute une température inférieure à celle qu'on trouverait si l'on pouvait la prendre sur le griffon même.

témoigner, et nous y voyons une confirmation des principes que nous avons exposés sur la nature intermédiaire en quelque sorte des sources à moyenne température.

Source Simon (intermittente). — *Débit et température.*

DATES.	Température.	Débit par minute.	DATES.	Température.	Débit par minute.
1857, 7 juillet....	31,0	27,60	1859, 23 juillet....	33,8	1,67
— 29 —	32,0	26,86	— 29 —	32,9	1,15
— 28 août.....	33,8	25,20	— 18 août.....	30,6	0,50
— 17 septembre.	33,7	24,00	— 30 —	»	tarie.
— 6 octobre...	33,0	22,25 [2]	— 24 décembre.	32,9	3,00 [6]
— 29 — ...	32,1	23,28	1860, 4 avril.....	36,2	14,66
— 14 novembre.	32,1	21,64	— 20 —	32,6	4,54
— 8 décembre.	33,5	19,26	— 28 août.....	»	tarie.
1858, 11 janvier...	34,0	20,87	— 2 octobre...	33,1	» [7]
— 13 février...	32,1	20,00	1861, 10 janvier...	34,7	13,79
— 6 mars.....	»	19,03 [3]	— 9 février....	»	» [8]
— 19 —	»	20,80	— 14 mars.....	28,1	1,33 [9]
— 23 —	32,0	17,14	— 20 —	34,3	4,61
— 12 juillet....	32,1	16,83	— 22 —	35,7	7,23
— 3 août.....	33,0	16,40	— 26 —	37,2	9,60
— 10 —	33,1	15,90	— 29 —	37,2	8,63
— 24 —	32,0	15,71	— 6 avril.....	36,8	8,22
— 14 septembre.	32,4	14,36	— 11 —	37,6	8,59
— 5 octobre...	»	13,33	— 22 —	36,5	5,00
1859, 18 mars.....	33,0	12,00 [4]	— 26 —	32,0	2,97
— 31 —	33,5	10,80	— 3 mai.....	»	1,20
— 23 juin......	»	6,50	— 6 —	»	0,59
— 7 juillet....	34,6	3,55 [5]	— 10 —	»	0,36
— 15 —	35,6	2,04	— 14 —	»	tarie.

[1] Température prise au bassin de la source jusqu'au 23 juin 1859. — Jaugeage au bassin ovale du jardin de la préfecture.

[2] Etat de la source avant les travaux.

[3] La source est attaquée par les travaux de rectification de la route impériale n° 57. Son débit diminue graduellement, et elle cesse tout à fait de couler à partir du 30 août 1859.

[4] On exécute un aqueduc sous la route impériale, devant la maison Lambinet.

[5] Température et jaugeage à l'entrée de la galerie de la source.

[6] La source a recommencé à couler à partir du 12 décembre.

[7] La source recommence à couler.

[8] La source ne coule plus, l'eau demeure stationnaire dans le bassin, à la température de 25 degrés.

[9] La source a recommencé à couler depuis le 12 mars.

Mais ce phénomène, tout à fait exceptionnel, mérite d'être signalé, et nous sommes convaincu qu'une étude attentive de ces intermittences est de nature à fournir des données très intéressantes sur les conditions d'émergence des sources minérales de Plombières, et particulièrement des sources tempérées.

Le tableau ci-joint permet d'apprécier l'état ancien de la source, la diminution progressive de son débit et les intermittences qui se sont produites jusqu'à ce jour.

CHAPITRE XIII.

CONFERVES DES EAUX THERMALES.

Les eaux minérales et thermales de Plombières sont-elles propres à développer des végétaux aquatiques ou conferves?

On sait que la lumière est presque toujours un des éléments essentiels à la formation de ces matières végétales : sous ce rapport, les sources de Plombières ne se trouvent pas dans des conditions favorables, et nous avons vainement cherché le moyen d'y remédier, ne fût-ce qu'à titre d'expériences passagères.

Les réservoirs d'alimentation des bains situés dans le jardin de la préfecture auraient pu fournir matière à ces expérimentations, mais par suite des besoins du service, ils se trouvaient à des températures très variables, quelquefois même complétement à sec ; d'une autre part, les sources minérales et leurs canaux, cachés sous ce sol, étaient complétement dans l'obscurité, aussi n'avons-nous jamais pu observer nous-même le développement de ces végétations spontanées.

Mais jadis les circonstances étaient différentes. Le bain Romain, en particulier, alimenté directement par la principale source minérale de Plombières et se trouvant complétement à découvert, donnait lieu à une formation abondante de conferves dont une partie s'attachait aux parois et rendait le pavé glissant, tandis qu'une autre venait s'étaler à la surface de l'eau.

Le développement de ces conferves était si rapide, que, pour arrêter leur végétation, il fallait vider le bain au moins tous les huit jours et le nettoyer complétement.

Thybourel nous apprend également que de son temps on ramassait ces conferves sur les marches du bain pour en faire des cataplasmes utiles dans certaines maladies. Cette pratique médicale, à laquelle Thybourel donne le nom d'*illutation* (de *lutum*, boue fangeuse), paraît avoir promptement disparu à Plombières ; tandis qu'elle s'est conservée dans plusieurs autres stations thermales, par exemple, à Néris, à Évaux, et ce caractère s'ajoute aux autres points de similitude que nous avons signalés déjà entre ces eaux minérales appartenant à des régions différentes.

En 1835, de Saussure vint à Plombières, et les conferves du bain Romain ont également fixé son attention : il en fit l'objet d'une étude particulière, mais il n'a publié nulle part, du moins que nous sachions, le résultat de ses observations.

Lorsque nous avons visité les sources de la Chaudeau, nous avons trouvé au-dessous de l'eau, dans les fentes du rocher, au milieu des mousses qui tapissent le granite et également différentes de celles-ci par leur forme et par leur couleur, des vésicules d'une riche teinte bleu verdâtre. Ces vésicules étaient formées d'une sorte de matière gélatineuse enveloppant une bulle de gaz. Elle nous a rappelé, par une grande similitude d'aspect, les végétations décrites par MM. de Laurès et Becquerel dans les eaux de Néris, où elles se produisent très abondamment et où nous avons eu nous-même l'occasion de les étudier. Cette ressemblance nous fait présumer que peut-être les eaux de la Chaudeau et les eaux de Plombières donneraient naissance, si elles étaient placées dans des conditions identiques, à des végétations analogues à celles de Néris et différentes de celles que nous allons décrire.

Avant les travaux de captage récents, les eaux minérales de Plombières tombaient dans l'Eaugronne après un assez long parcours et après avoir été mélangées en route avec celles qui provenaient de plusieurs égouts de la ville. Bien que leur température fût alors peu élevée, elles donnaient lieu à une formation abondante de végétaux cryptogamiques qui ont été observés, pour la première fois en 1817, par le docteur Mougeot, et qui ont été étudiés plus tard par Bory de Saint-Vincent, sous le nom d'*Oscillaire de Mougeot* (*Oscillaria major Mougeotii*). Voici du reste un extrait du mémoire consigné par Bory de Saint-Vincent dans le *Dictionnaire classique d'histoire naturelle* :

« Cette belle oscillaire, une des plus faciles à reconnaître, a cependant été confondue avec plusieurs autres ; » et comme il lui fallait un nom, nous lui avons imposé » celui du savant et modeste Mougeot, le premier des » cryptogamistes de la France et le plus infatigable explo- » rateur des Vosges.

» Elle abonde dans les eaux de Plombières, d'Aix et de » Dax.

» On l'y trouve nageant à la surface des eaux, où elle » forme d'abord des toiles de la plus grande ténuité, d'un » vert-pomme passant au bleu, et semblables pour la con- » sistance à des toiles d'araignée : dans cet état elle enve- » loppe tous les corps étrangers du voisinage et s'épaissit » bientôt alentour. D'autres fois elle tapisse le fond des » bains en rampant contre leurs parois pour s'y tisser en

» tapis muqueux, toujours minces et d'une couleur charmante.

» Les rosettes qu'elle compose sont parfois très considérables ; nous en avons obtenu de 4 à 5 pouces de diamètre. » C'est dans leur vieillesse, au centre des tas de limon qui » en forment le noyau, que se développe en si grande » quantité la substance colorante d'un rouge de sang » alternativement bleue ou violette dont il a été question » plus haut.

» Vus au microscope, les filaments, d'autant plus fins » qu'on ne les pouvait distinguer à l'œil désarmé, paraissent d'un vert tendre, absolument droits, si ce n'est vers » l'extrémité, où ils se courbent en un petit crochet fort » prononcé. Les segments visibles, quoique très fins, sont » à une distance égale au diamètre du filament les uns des » autres, ce qui fait paraître leurs intervalles carrés : nous » y avons pu distinguer l'interne de l'externe.

» Cette oscillaire, élevée dans des vases pleins d'eau, à » la température extérieure, même quand elle est assez » froide, a continué de prospérer, et a formé dans des » assiettes creuses de magnifiques rosettes qui, sur le » papier, sont devenues, par le tissement des filaments, » comme de grandes taches du plus beau vert ; ces rosettes » ont fini par s'épaissir en membranes serrées, semblables » à des ulves, et qui adhèrent bien moins au papier que » ne le font les filaments oscillants, lesquels semblent » s'identifier avec les feuilles sur lesquelles on les prépare, » comme le ferait une teinte de couleur passée avec le » pinceau. Quelques échantillons sont devenus gris d'ardoise en se desséchant. »

Nous regrettons vivement que les changements apportés dans le mouvement des eaux ne nous aient pas permis de reprendre ces observations, et d'étudier les végétations spontanées que pourrait former l'eau thermale de Plombières, si les points d'émergence où se rassemblent les eaux au sortir du griffon étaient exposés à la lumière.

CHAPITRE XIV.

DÉPOTS FORMÉS PAR LES SOURCES MINÉRALES DE PLOMBIÈRES.

Les eaux minérales de Plombières, malgré la très faible quantité de principes fixes qu'elles contiennent, donnent lieu, dans de certaines circonstances, à des dépôts dont nous avons étudié l'origine et la composition chimique.

Lorsque l'eau thermale s'échappe par un tube de métal, l'orifice ne tarde pas à s'entourer d'une substance blanche qui garnit seulement l'extérieur du tuyau. Ce dépôt s'étend peu à peu, de façon à former une sorte d'anneau qui remonte jusqu'à une certaine distance de l'extrémité ; son épaisseur, toujours assez faible, excède rarement 7 ou 8 millimètres, et elle est habituellement plus considérable dans la partie la plus éloignée de l'orifice qu'autour de l'orifice lui-même ; sa surface est mamelonnée et comme boursouflée. Quelquefois, lorsque la source est très chaude, et le dépôt ancien, il affecte la forme de petites stalactites irrégulières, qui se dressent tout autour du tuyau, perpendiculairement à sa surface. Lorsqu'on la recueille, cette substance est dure, résistante et légèrement translucide ; elle adhère fortement à la place sur laquelle elle s'est développée ; si on la laisse sécher, elle perd sa consistance, s'exfolie en partie, devient tout à fait opaque et se détache facilement.

Examiné avec un fort grossissement, ce dépôt spontané a une structure saccharoïde, et paraît résulter de l'agglomération d'une foule de petits cristaux incomplétement formés.

On peut facilement l'observer à l'orifice des sources du Robinet romain et des Dames.

Un dépôt semblable se forme sur les parois du grès bigarré des enchambrements, et marque la ligne d'affleurement de l'eau. Il se rencontre également à l'extérieur du canal d'amenée des eaux chaudes, qui est formé de la même pierre, et résulte évidemment, en ce point, de la transsudation de l'eau minérale au travers de ces parois peu épaisses et légèrement poreuses. L'origine de cette concrétion est facile à expliquer. L'eau minérale remonte, par un effet de capillarité, sur les surfaces qui l'avoisinent, et qui sont fortement échauffées; elle se réduit en vapeur et laisse en dépôt les sels qu'elle contient.

Nous avons analysé le dépôt qui se trouve sur le tube de plomb de la source des Dames, et nous lui avons trouvé la composition centésimale suivante :

Silice	60,28
Acide sulfurique	7,87
— carbonique	0,95
Soude	16,73
Chaux	7,61
Alumine	1,01
Potasse, oxyde de fer, magnésie	traces
Matière organique	indices
Eau (1)	5,55
	100,00

Un autre genre de dépôt se manifeste dans les piscines,

(1) Le dépôt avait été chauffé à 150 degrés jusqu'à ce que la balance n'accusât plus de perte d'eau. La petite quantité d'eau trouvée par l'analyse provenait sans doute du sulfate de soude qui ne se déshydrate complétement qu'à une température supérieure à 150 degrés centigrades.

dont les parois sont formées de grès bigarré, pierre légèrement poreuse, comme nous l'avons déjà fait observer.

Après la saison des bains, et lorsque les piscines sont vides, le grès bigarré, profondément imprégné d'eau minérale pendant tout l'été, se couvre extérieurement d'efflorescences cristallines formées de longues aiguilles réunies en houppes, assez analogues à celles du nitrate de potasse, et tout à fait différentes par l'aspect des dépôts que nous venons de décrire.

Ces dépôts sont plus abondants dans les piscines du bain des Dames que partout ailleurs; on les retrouve même sur les parois des cabinets de bains.

Ces dépôts, d'un blanc sale, partiellement solubles dans l'eau, sont composés surtout de sulfate de soude, et de sable d'une ténuité extrême, provenant de la désagrégation du grès bigarré, et que l'eau a entraîné au dehors.

On conçoit que les circonstances diverses dans lesquelles ces dépôts se forment doivent modifier leur composition, et surtout les différencier des précédents, qui résultent d'une manière plus directe de l'évaporation de l'eau minérale.

DEUXIÈME PARTIE.

ANALYSE CHIMIQUE.

Le nombre considérable de sources qui existent à Plombières ne permettait pas de soumettre chacune d'elles à une analyse complète. Comme elles nous offraient une série ascendante de températures, variant depuis la température des sources non minérales jusqu'à celle de 70 degrés centigrades environ, nous avons choisi pour nos recherches des sources espacées à peu près régulièrement dans cette série, en tenant compte en outre de l'intérêt particulier qu'elles présentaient, de l'importance de leur débit et de la facilité qu'on avait de recueillir les eaux au point même de leur émergence.

Ces considérations nous ont fait préférer, parmi les sources nouvelles, les sources suivantes :

	Température.
Source Vauquelin	69°,35
— n° 5 de l'aqueduc	65°,21
— n° 1 de l'aqueduc	53°,91
— n° 5 de la galerie des savonneuses	40°,46
— Lambinet.	26°,36

L'analyse nous ayant montré que la composition générale était la même dans toutes les sources thermales, mais que la quantité du résidu salin diminuait avec la température, nous avons voulu vérifier ce résultat en appliquant nos recherches à un plus grand nombre de sources minérales appartenant aux sources de température moyenne ou faible, qui passent, par transitions insensibles, jusqu'à la température des sources non minérales, dont le type est la source Babel. Pour cela, il nous suffisait de déterminer exactement la quantité du résidu salin, et dans ce résidu, la proportion des deux principes essentiels et en même temps les plus faciles à doser avec certitude, c'est-à-dire de l'acide sulfurique et de la silice.

Cette deuxième série de recherches a porté sur les sources ci-après :

	Température.
Source des Capucins	51°,00
— n° 2 de la galerie des savonneuses. .	29°,91
— n° 3 de la galerie des savonneuses .	22°,38
— Bizot	11°,45
— Babel (non minérale)	»

Mais il était utile d'établir un lien avec le passé, soit pour l'étude comparée des sources anciennes et des sources nouvelles qui les ont remplacées, soit pour établir la corrélation de nos recherches personnelles avec les études déjà faites sur le même sujet. La permanence des deux sources des Dames et du Crucifix au travers des changements qu'a subis Plombières à diverses époques, les signalait comme très convenables sous ce rapport ; d'une autre part, leur emploi presque exclusif en boisson depuis plus de trois siècles les rendait particulièrement intéressantes.

Voilà pour les sources minérales et thermales qui forment comme une seule et même famille.

Il nous restait encore à étudier avec soin l'eau de la source Bourdeille, ou source ferrugineuse, dont la constitution s'éloigne notablement des précédentes. Les résultats que nous avons obtenus de l'examen de cette eau minérale seront consignés dans un chapitre spécial ; mais comme la détermination des principes qui la composent est la même que celle des autres sources, les détails de son analyse quantitative ne seront pas séparés de ceux des sources thermales.

CHAPITRE PREMIER.

HISTOIRE CHIMIQUE RÉTROSPECTIVE DES EAUX DE PLOMBIÈRES.

Les eaux minérales et thermales de Pombières, comme toutes les eaux qui sont connues depuis la domination romaine dans les Gaules, qui possèdent des propriétés thérapeutiques actives, et enfin comme toutes celles qui sont très fréquentées, ont très souvent attiré l'attention des physiciens, des médecins et des chimistes.

Considérées pendant très longtemps comme contenant du plomb, du soufre, de l'alun, du nitre, du bitume et de la matière argileuse, les eaux des diverses sources de Plombières n'ont commencé à être un peu connues sous le rapport de leurs principes minéraux que vers le milieu du XVIIIe siècle.

En 1741, Geoffroy, s'occupant d'une manière particulière des sources savonneuses, a émis l'hypothèse que ces eaux devaient leurs propriétés onctueuses à la présence d'une *argile très tenue et grasse comme le savon.*

En 1746, les analyses de Claude Morel et de Malouin, exécutées dans le même temps, eurent pour premier résultat de faire rayer le plomb de la liste des substances que nous avons signalées plus haut, et ces chimistes y inscrivirent à la place le sulfate de chaux, le chlorure de sodium, le sulfate de soude, un sel de fer, un bitume de la nature de l'huile de pétrole, et enfin une terre absorbante vitrifiable.

Après Monnet et Raulin, qui, en 1772 et en 1775, essayèrent de prouver que les eaux de Plombières n'étaient pas des eaux minérales dans l'acception que l'on attache à ce mot, et qu'elles n'étaient au contraire que des eaux ordinaires, mais chaudes, apparaît le premier travail exact sur les sources de cette station des Vosges.

En 1778, Nicolas (de Nancy), dans une intéressante *Dissertation chimique sur les eaux minérales de la Lorraine*, a fait connaître la composition des sources du Chêne ou du Crucifix, des Capucins et de la source Bourdeille à Plombières, et il a conclu de ses analyses, assez bien exécutées pour l'époque, que les eaux dites savonneuses sont de même nature que les eaux thermales. Quant à la source Bourdeille, Nicolas a mis hors de doute que cette eau minérale était faiblement gazeuse et notablement ferrugineuse.

En 1791, Martinet a tenté quelques expériences chimiques sur le même sujet, et il a annoncé que les eaux thermales contenaient trois variétés de terres dites à porcelaine, calcaire et magnésienne : il a considéré les eaux savonneuses comme moins minéralisées que les eaux thermales, mais plus riches en gaz et en fer que ces dernières. Enfin il dit que la source Bourdeille renferme les mêmes principes que l'eau des sources savonneuses, et qu'elle est décidément ferrugineuse.

Jusqu'à cette époque, les analyses entreprises sur les eaux de Plombières ont été toujours qualitatives, sauf la détermination de la quantité totale des principes minéraux fixes que chacune des sources contient.

Mais en 1802, GrosJean père, mettant mieux à profit que ses devanciers les progrès alors notables de l'analyse, entreprit de faire connaître la quantité de sels que renferment les eaux des sources thermales, tempérées et ferrugineuse ; il a de plus constaté, ainsi du reste que l'avait fait Nicolas, la présence de l'acide carbonique dans toutes les eaux, même dans les eaux thermales. Cette dernière observation infirmait celle de Martinet, qui a regardé les eaux thermales comme principalement alcalines.

Dans le même temps que GrosJean publiait le résultat de ses recherches, Vauquelin se livrait de son côté à l'analyse de la source du Crucifix. Ce savant, auquel la chimie est redevable de ses plus belles découvertes et dont on apprécie encore le rare talent d'investigation et de précision, a trouvé dans l'eau du Crucifix des carbonates de soude et de chaux, du sulfate de soude, du chlorure de sodium, de la silice, de la matière organique, et enfin il a déterminé avec soin les proportions relatives de ces diverses substances.

Vauquelin a aussi émis l'hypothèse que la matière considérée quelquefois comme un bitume, était une substance animale ayant beaucoup d'analogie avec l'albumine ou la gélatine animale. Quant à la silice, Vauquelin l'a considérée comme étant en combinaison avec de l'alcali dont une partie existe à l'état caustique.

En 1836, M. O. Henry a procédé à une nouvelle analyse de l'eau du Crucifix, afin de savoir si depuis le travail de Vauquelin la source n'avait pas subi des modifications dans sa composition, et il est résulté de ses expériences que cette eau minérale contenait, à son émergence, d'abord de l'acide carbonique libre, puis des bicarbonates de soude, de chaux et de fer, des sulfates de soude et de chaux, des chlorures de sodium et de magnésium, de la silice, de l'alumine, des phosphates, et enfin une matière organique azotée.

Nous signalerons seulement pour mémoire les expériences de MM. Caventou, Chevallier et Gobley, Hutin, etc., sur l'arsenic des eaux de Plombières, et celles de M. Pommier sur l'arsenic et l'iode de ces mêmes eaux minérales, parce qu'elles n'ont trait qu'à la recherche de corps isolés.

Nous arrivons alors à un travail qui, par les nombreux sujets qu'il embrasse, par les intéressants documents qu'il renferme, mérite de fixer davantage l'attention.

Sous le titre d'*Hydrologie de Plombières*, MM. O. Henry et Lhéritier ont fait paraître en 1855 le résultat de leurs recherches sur le rendement, la température et la composition chimique des eaux de Plombières.

Cet ouvrage comblait une lacune importante en comprenant dans un même cadre l'étude des diverses sources minérales de Plombières, qui n'avaient pas encore été examinées à un point de vue d'ensemble. Il suffira de dire que c'est dans ce mémoire que nous trouvons pour la première fois une appréciation, sommaire il est vrai, du débit des différentes sources, une étude régulière de la température à diverses époques, et des recherches détaillées sur la composition chimique de ces eaux minérales.

Peu de travaux chimiques depuis ceux de MM. O. Henry et Lhéritier ont été entrepris sur les eaux de Plombières. Nous devons citer cependant les nouvelles expériences de M. Nicklès sur la présence du fluor dans ces eaux.

En signalant encore les analyses exécutées dans ces dernières années par l'école des mines sur les eaux de la source des Dames et de la source Bourdeille, nous aurons enregistré tous les faits principaux qui se rapportent à l'histoire chimique des eaux de Plombières.

CHAPITRE II.

PROPRIÉTÉS PHYSIQUES DES EAUX MINÉRALES.

§ I. — Propriétés organoleptiques.

Les eaux qui surgissent des sources thermales, quelle que soit leur température, sont toujours parfaitement limpides, incolores et inodores.

Leur saveur, fade et très légèrement amère, est d'autant plus sensible qu'elles sont plus chaudes.

Au toucher, rien ne les distingue des eaux douces ordinaires amenées à la même température.

§ II. — Densité.

La très faible minéralisation des eaux de Plombières nous donnait tout lieu de croire que la balance n'accuserait pas des différences sensibles dans la pesanteur spécifique de toutes les eaux de cette station, les unes et les autres ramenées à la température normale de + 15°. En effet, l'eau distillée étant représentée par 1,000, la densité des eaux des sources thermales a oscillé entre 1,0002 et 1,0006.

§ III. — Action de l'électricité.

Dans le cours de ces dernières années, l'attention de quelques observateurs s'est portée sur l'action que l'électricité exerce sur les eaux minérales. Ainsi on a annoncé que les eaux minérales de Gastein et d'Enghein, soumises à l'action d'un courant électrique, ne se décomposaient pas, comme les eaux douces, en donnant 2 volumes d'hydrogène au pôle négatif, et 1 volume d'oxygène au pôle positif, mais que la proportion du premier de ces gaz était toujours un peu plus élevée que celle du second. La question nous offrait trop d'intérêt pour qu'elle ne fût pas de notre part l'objet de quelques expériences au sujet des eaux de Plombières.

Nous avons soumis à l'action d'un courant électrique, formé par 4 éléments de Bunsen, les eaux de plusieurs sources thermales, ainsi que l'eau de la source ferrugineuse, et constamment nous avons observé qu'en effet le volume de l'hydrogène l'emportait sur le volume de l'oxygène, c'est-à-dire que le rapport du premier au second de ces gaz n'était pas exactement de 1 à 2.

Mais si l'on réfléchit que les eaux minérales comme celles de Plombières ne sont jamais exactement saturées d'air, que l'intensité du courant électrique n'est pas assez grande pour réduire les oxydes et les acides minéraux, et que l'hydrogène et l'oxygène, doués d'une solubilité très différente dans l'eau, se dégagent des conducteurs de platine à l'état de bulles très ténues et présentant par cela même une plus grande surface à l'action dissolvante de l'eau, on est amené à conclure que, dans l'origine, l'oxygène et l'hydrogène sont dans le rapport de 1 à 2, mais qu'une minime portion du premier reste en dissolution dans l'eau.

Pour nous, sauf sans doute la décomposition des bicarbonates, les eaux de Plombières se comportent au moyen de l'électricité comme les eaux douces.

§ IV. — Action de la chaleur.

Lorsqu'on fait évaporer à une chaleur modérée les eaux des diverses sources de Plombières, on observe d'abord un dégagement d'oxygène, d'azote et d'acide carbonique ; ce dernier provenant partie du gaz dissous, partie de l'acide carbonique formant des bicarbonates.

Leur concentration peut être poussée jusqu'au huitième environ de leur volume, sans qu'il se précipite des sels insolubles ; c'est seulement lorsqu'on laisse refroidir les produits de leur évaporation que l'on observe une très petite quantité de sulfate et de carbonate de chaux.

Enfin, lorsqu'on continue l'opération jusqu'au seizième ou au vingtième, on voit le résidu se recouvrir d'une très légère couche de silice gélatineuse.

CHAPITRE III.

PROPRIÉTÉS CHIMIQUES DES EAUX THERMALES.

§ I. — Action des réactifs.

La plupart des auteurs qui se sont occupés, au point de vue chimique et médical, des sources de Plombières, ont annoncé que ces eaux minérales présentaient au papier rouge de tournesol une réaction alcaline. Nos expériences ne confirment pas ces observations.

Le *papier bleu* et le *papier rouge de tournesol*, plongés dans les eaux des sources thermales, quels que soient leur température et le degré de minéralisation, ne subissent aucun changement appréciable à la vue : en agissant comparativement avec l'eau distillée et l'eau de la source Bizot, considérée ici comme le type d'une eau extrêmement peu minéralisée, nous avons obtenu les mêmes résultats. Nous devons donc en conclure que les eaux thermales sont absolument neutres au papier de tournesol.

La *potasse* et l'*ammoniaque* ne déterminent dans toutes les eaux thermales aucun trouble, parce que la proportion de carbonate de chaux neutre qui a pu se produire sous l'influence de ces réactifs est trop minime pour se précipiter.

Le *tannin*, l'*acide gallique*, la *teinture de noix de galle*, les *cyanures jaune* et *rouge* y sont sans action : les eaux thermales de Plombières sont, en effet, très peu ferrugineuses.

Avec l'*oxalate d'ammoniaque* il ne se produit, dans le premier moment, aucun trouble ni précipité ; c'est seulement après quelques minutes que l'on voit le liquide se troubler par suite de la précipitation de l'oxalate de chaux.

Le *chlorure de baryum neutre* précipite d'une manière très notable du sulfate et du carbonate de baryte, et le dépôt mixte disparaît partiellement lorsqu'on ajoute de l'acide nitrique dans le mélange.

Si, au lieu de chlorure de baryum neutre, on emploie le chlorure de baryum ammoniacal, le dépôt est plus abondant ; d'abord parce que la totalité de l'acide carbonique libre et combiné est précipitée, ensuite parce que le carbonate barytique est moins soluble dans l'eau ammoniacale que dans l'eau distillée.

Le *phosphate de soude neutre* et le *phosphate de soude ammoniacal* ne précipitent pas les eaux thermales de Plombières, parce que le phosphate de chaux et le phosphate ammoniaco-magnésien qui ont pu se former restent en solution.

Le *nitrate acide d'argent* indique dans toutes les eaux minérales la présence du chlore, mais en quantité variable et, dans tous les cas, minime.

Le *chlorure d'or* et le *permanganate de potasse* sont sans action à froid sur toutes les eaux de Plombières, et cependant toutes contiennent de la matière organique en proportion notable, ainsi que nous le dirons ailleurs.

Avec l'*acétate neutre* et l'*acétate basique de plomb*, il se forme des précipités blancs très abondants de carbonate et de sulfate de plomb.

Action des acides minéraux. — Suivant que les eaux thermales de Plombières sont à leur température naturelle ou refroidies, les réactions qu'elles produisent avec les acides minéraux sont différentes.

Ainsi lorsqu'on verse de l'acide sulfurique étendu dans les eaux à leur température native, on n'aperçoit aucun dégagement gazeux dans le premier moment; c'est seulement après quelque temps que l'on voit les parois intérieures du vase dans lequel on opère se couvrir de quelques bulles de gaz très ténues.

Au contraire, si l'on répète l'opération avec de l'eau des mêmes sources, mais ramenées à la température ordinaire, on ne voit jamais de bulles gazeuses se former sur les parois intérieures du vase.

D'après quelques auteurs, l'addition de l'acide nitrique dans les eaux de Plombières aurait pour effet de les rendre légèrement opalescentes, par suite de la précipitation de la silice provenant d'un silicate alcalin primitif dissous dans l'eau. Nos expériences ne confirment pas ces résultats. Du reste, il ne peut en être autrement, lorsqu'on sait que les silicates alcalins ne précipitent jamais de silice s'ils sont dissous dans une grande quantité d'eau, et c'est précisément le cas des silicates des eaux de Plombières.

Les eaux des sources thermales, malgré la proportion notable de sulfates et de matières organiques qu'elles contiennent, placées dans des vases bouchés avec soin, se conservent pendant longtemps sans s'altérer : même après une année, les eaux les plus riches en principes minéraux, mises dans ces conditions, et abandonnées dans un endroit frais, ne répandaient aucune mauvaise odeur indiquant une altération quelconque.

§ II. — Action des eaux minérales sur les métaux.

Les eaux minérales de Plombières exercent sur les métaux avec lesquels elles se trouvent en contact une action oxydante que favorise sans doute leur haute température. On remarque alors que les oxydes produits s'approprient une partie de l'acide silicique libre, ou bien décomposent les silicates, et il se forme des silicates particuliers que nous avons étudiés avec soin.

En abandonnant pendant quelque temps, dans les enchambrements même des eaux minérales, des lames de métaux d'espèces diverses, on obtient les composés suivants.

Fer. — Le fer est parmi tous les métaux celui dont l'oxydation est le plus rapide.

Nous avons exposé en 1857, dans l'hypocauste du Bain romain où arrive la source du même nom, deux vases de fer battu, non étamés et neufs; au bout de quatre mois, ils avaient subi une altération complète: le fer avait complétement perdu, même dans le milieu de son épaisseur, sa nature métallique; il s'était formé une couche considérable d'une matière rouge ressemblant à du sesquioxyde de fer et disposé sur toute la surface des vases en concrétions abondantes, tandis que les parties métalliques qui avaient résisté, avaient pris une structure feuilletée rappelant l'origine et le mode de fabrication de la tôle. Ces feuillets se brisaient facilement sous les doigts et se réduisaient en poussière.

La substance que l'on obtient ainsi se présente sous la forme d'une poudre d'un rouge sale, d'une grande ténuité, complétement insoluble dans l'eau et partiellement soluble dans les acides minéraux concentrés, sans dégagement de gaz acide carbonique. Son analyse nous a montré qu'elle était composée ainsi :

Acide silicique	22,12
Oxyde ferrique.	59,82
Eau et matière organique	18,06
	100,00

Il est digne de remarque que ce silicate de fer, formé en quelque sorte sous nos yeux, ait la même composition que la cronstedtite, qui contient en moyenne :

Acide silicique.	22
Oxyde de fer.	58
Eau	10
Magnésie et oxyde de manganèse. . .	10
	100

Plomb. — Le plomb et le cuivre se laissent attaquer moins facilement que le fer : les tuyaux de plomb, les robinets de laiton ou de cuivre, placés depuis longtemps dans les établissements thermaux, et qui sont en contact pendant tout l'été avec l'eau minérale, ne sont pas sensiblement altérés.

Nous avons dit précédemment que les dernières fouilles avaient mis à découvert plusieurs tuyaux de plomb noyés dans le béton romain ; ceux, en très petit nombre, qui ne se trouvaient pas placés dans le trajet des sources principales sont encore bien conservés.

Mais habituellement le métal a éprouvé une altération profonde. Il est recouvert extérieurement et intérieurement d'une couche de 1 à 2 millimètres d'une matière grisâtre, dure, compacte, composée surtout de sulfate, de carbonate et de silicate de plomb.

Quant au plomb métallique interposé entre ces deux couches de sels, l'effort des doigts suffit pour le diviser en fragments peu volumineux. Sa cassure est ferme et anguleuse ; toutefois, si on le coupe avec un couteau, on retrouve l'éclat métallique habituel du plomb et les fragments sont encore malléables.

Cette altération ne peut être attribuée à la nature ou à l'impureté du métal (1).

Cuivre et alliages. — Les alliages de cuivre et d'autres métaux employés pour la fabrication des monnaies étaient, comme on sait, plus ou moins altérables suivant leur composition, qui était très variable. Les médailles de bronze que nous avons trouvées dans des conditions presque identiques étaient tantôt très bien conservées, tantôt altérées plus ou moins profondément.

Dans l'ancien puits, dit des Médailles, découvert en 1818, et qui existait auprès de la source n° 1 de l'aqueduc du thalweg, la plupart des médailles que nous avons encore retrouvées avaient été complétement transformées en une masse cristalline, d'un vert bleuâtre, à cassure grenue à l'extérieur, presque esquilleuse et d'un éclat gras vers le centre, ; souvent aussi on ne retrouvait plus la moindre parcelle de métal lorsque la transformation avait été complète.

(1) Nous avons recherché dans 20 grammes de ce métal la présence de l'argent, mais le résultat a été négatif. Cet essai vient encore confirmer l'assertion émise par les auteurs anciens, que les Romains savaient séparer l'argent du plomb argentifère, opération qui, au moyen âge, devait prendre le nom de coupellation.

Il n'est pas douteux, en outre, que les Romains étaient parfaitement au courant de l'art de souder les métaux; mais l'alliage qu'ils employaient était-il le même que celui qui porte actuellement le nom de *soudure des plombiers*, et qui est composé de parties égales de plomb et d'étain ? Un échantillon prélevé sur une soudure de deux tuyaux de plomb nous a montré qu'il était composé d'une partie d'étain et de deux parties de plomb. Cet alliage, plus riche en plomb que la *soudure des plombiers*, diffère en effet, par ses propriétés physiques, de cette dernière.

Un échantillon de cette matière tout à fait privée de métal, et indépendamment de petites quantités de zinc et d'étain, nous a donné à l'analyse :

Acide silicique	31,71
Oxyde de cuivre.	47,51
Eau	20,78
	100,00

Il s'était donc formé un silicate de cuivre aux dépens de la silice des eaux, et, chose digne de remarque, ce sel se rapproche beaucoup de la composition de plusieurs variétés de silicates de cuivre naturels (1).

Il était intéressant, pour l'histoire des eaux minérales en général et de celles de Plombières en particulier, qui sont si riches en silice, de montrer comment peuvent se former dans un temps plus ou moins long ces nombreux échantillons de silicates alcalins, terreux, métalliques, qui ont pour origine les sources minérales.

§ III. — Essais hydrotimétriques.

Toutes les sources de Plombières, sauf la nature spéciale des matières qui les minéralisent et qui leur assurent depuis longtemps des propriétés thérapeutiques si caractéristiques, sont néanmoins si peu chargées de principes minéraux, qu'une analyse hydrotimétrique devenait comme le complément de notre travail. Or, il est résulté de ce genre de recherches, ainsi du reste qu'on devait le prévoir, que le degré hydrotimétrique était à peu près en rapport avec le degré de minéralisation des sources ; ajoutons toutefois que ces différences ont été toujours peu sensibles, ainsi que le montre le tableau suivant :

(1) Dufrénoy, *Traité de minéralogie*, t. III, p. 397.

	Résidu par litre.		Degré hydrotimétrique.
Source Babel.	0,02255	(*non minérale*).	2
— Bizot	0,02730	(*eau minérale*).	2
— ferrugineuse	0,05271	—	2 1/2
— Lambinet.	0,10091	—	2 2/3
— n° 5 de la galerie des savonneuses.	0,18654	—	3
— n° 1 de l'aqueduc . .	0,25907	—	3 1/2
— des Dames	0,28718	—	3 1/2
— n° 5 de l'aqueduc. . .	0,33048	—	3 2/3
— Vauquelin.	0,39252	—	4

§ IV. — Gaz spontanés.

Toute émergence d'eau minérale à Plombières est accompagnée d'un dégagement de gaz libres qui s'échappent en quantité plus ou moins considérable sous forme de bulles. Ce caractère est tellement constant, qu'il nous a souvent servi de guide dans les travaux de captage. En effet, lorsque nous avions à rechercher la trace d'une émergence d'eau minérale au travers d'une nappe de sable et de galets recouverts par des eaux mélangées, il suffisait de laisser reposer les eaux quelque temps et d'agiter légèrement le sable avec l'extrémité d'un bâton : il s'élevait des bulles de gaz d'autant plus abondantes que l'émergence d'eau minérale était plus importante. Le thermomètre confirmait toujours cette première indication.

La source des Capucins était dans le passé, parmi les sources de Plombières , la seule où ce phénomène pût être observé; elle constituait sous ce rapport une exception remarquable dont il est facile de donner l'explication. Les eaux minérales du voisinage, très imparfaitement recueillies et maintenues à l'aval par le barrage de béton romain qui existe à la hauteur de la source des Capucins, formaient sur les griffons une charge d'eau de plusieurs mètres de hauteur qui tendait à refouler les gaz sur l'orifice de la source. Ils s'élevaient par intervalles irréguliers sous forme de bulles, tantôt très grosses et isolées, tantôt plus petites et disposées en chapelets.

Cette émission de gaz était même utilisée dans la pratique médicale pour certains genres de traitement consacrés par la tradition locale.

Les travaux de captage, en mettant à découvert les griffons des sources et en facilitant leur écoulement, ont modifié la situation. La quantité des gaz émis a diminué pour la source des Capucins en même temps qu'elle augmentait sur les autres points.

La troisième source nouvelle de la rue, découverte il y a peu d'années, donnait aussi quelques bulles de gaz qui provenaient du voisinage de la source Vauquelin.

Ces gaz ont été analysés par MM. O. Henry et Lhéritier, qui les ont trouvés composés d'une forte proportion d'azote, de 5,5 à 7,9 d'oxygène, mais point d'acide carbonique.

L'émission des gaz étant devenue pour nous un phénomène commun à toutes les sources, quelle que fût leur température, ainsi que nous l'avons dit plus haut, il devenait intéressant d'étudier leur composition, de vérifier si elle était constante, et de rechercher les causes des variations qu'elle pouvait présenter. C'est dans ce but que nous avons entrepris les expériences dont nous allons rendre compte.

En fait, les sources les plus chaudes sont celles qui paraissent fournir le plus de gaz : cela semble naturel et s'accorde parfaitement avec l'idée que l'on doit se faire de l'origine des diverses sources thermales de Plombières. Il ne faudrait pas en conclure cependant qu'on peut suivre régulièrement cette progression pour chaque source et la traduire par des chiffres ou des mesures exactes. L'observation n'est vraie que si l'on considère l'ensemble ; les différences que l'on observe, s'expliquent facilement par les conditions de captage et d'émergence des sources, conditions qui varient pour chaque groupe.

Aux sources impériales comme à la source des Capucins, les bulles de gaz se succèdent sans interruption, et il suffit de maintenir pendant quelques minutes une éprouvette sur le point principal du dégagement pour avoir une quantité de gaz suffisante pour l'analyse.

Dans l'aqueduc du thalweg, on se rappelle que les enchambrements sont pratiqués au travers des terrains d'alluvion, et non pas sur les griffons mêmes; aussi les gaz ne se manifestent que par intermittences plus ou moins éloignées.

Dans la galerie des savonneuses, où nous avons recoupé les filons qui donnent naissance aux sources, on devait s'attendre à ce que les gaz s'échapperaient par les parois verticales des filons, et que l'eau seule, dépouillée des gaz libres qui l'accompagnaient dans le sein de la terre, se rendrait aux bassins de recette. L'émission des gaz est, en effet, peu considérable, et ce sont les sources n°s 2 et 3 qui en fournissent le plus.

Dans le premier, comme dans le second cas, on est donc obligé d'abandonner pendant un certain temps une éprouvette sur les griffons des sources, si l'on veut recueillir une proportion notable de gaz spontanés. Or il est certain que les eaux minérales de Plombières, lorsqu'elles arrivent au contact de l'atmosphère, se chargent de gaz dans des proportions autres que celles qui se rencontrent dans l'eau prise au point d'émergence. Il en résulte que la masse liquide, cherchant à s'approprier les gaz de l'atmosphère, doit tendre à agir sur les atmosphères limitées, placées au contact avec elle, de façon à modifier leur composition. La pureté des gaz au point de vue de leur origine, est d'autant moins assurée qu'il a fallu plus de temps pour les recueillir. Il importe de se tenir en garde contre cette cause d'erreur, et puisqu'il faut absolument laisser un appareil en place pour que les gaz s'accumulent en quantité suffisante, on doit au moins enfoncer l'appareil assez profondément dans le bassin de recette pour qu'il soit tout à fait immergé dans le courant de l'eau minérale ascendante de fond, et qu'il se trouve ainsi soustrait à toute influence des gaz extérieurs.

Les gaz spontanés des sources de Plombières, envisagés d'une manière générale, se composent d'acide carbonique, d'azote et d'oxygène. Quant à l'acide sulfhydrique, dont la présence a été l'objet de discussions contradictoires, nous y reviendrons dans un paragraphe spécial.

Voici comment nous avons procédé à la séparation de chacun de ces éléments.

Après avoir recueilli les gaz spontanés et les avoir laissés le moins longtemps possible en contact avec l'eau, on les transvasait dans une éprouvette graduée sur la cuve à mercure, et on les laissait se reposer pendant plusieurs heures afin qu'ils fussent en équilibre de température avec l'atmosphère ambiante. On introduisait alors sous la cloche un morceau de potasse caustique, et la différence de volume observée après l'opération donnait le volume de l'acide carbonique.

On introduisait ensuite dans l'éprouvette quelques grammes d'une solution d'acide pyrogallique, afin d'absorber tout l'oxygène. Quant au résidu, il consistait en azote.

L'intervalle entre chaque opération était au minimum de douze heures ; on s'assurait d'ailleurs, par plusieurs lectures successives, qu'il n'y avait plus changement de volume. Enfin, un baromètre Fortin et un thermomètre placés auprès de la cuve à mercure donnaient les indications qui devaient servir à faire les corrections habituelles pour chaque observation.

Acide carbonique. — L'acide carbonique, avons-nous dit, existe incontestablement dans les gaz spontanés ; mais il est en quantité très minime, et c'est le désir de ne conserver aucun doute sur ce point qui nous a surtout déterminé à multiplier les expériences sur chaque source et à en présenter les résultats détaillés.

Pour les sources très chaudes, comme pour les sources de l'aqueduc du thalweg, les résultats obtenus sont à peu près les mêmes, et la quantité de gaz carbonique sur 100 parties est en moyenne de 0,7 pour l'une comme pour l'autre série.

Pour les sources de la galerie des savonneuses, dont la température moyenne est de 26°,39 (tandis qu'elle est de 59°,35 pour la série précédente), la proportion n'est jamais inférieure à 1 pour 100, et elle est en moyenne de 1,22 pour 100, c'est-à-dire que la proportion d'acide carbonique libre paraît augmenter à mesure que la température diminue.

Oxygène. — Pour l'oxygène, la progression est dans le même sens, mais bien plus nettement indiquée. En effet, la quantité d'oxygène contenue dans 100 parties de gaz spontanés est :

	Température moyenne.	Oxygène.
Pour les sources très chaudes . . .	69,49	1,1
— — chaudes.	56,82	5,2
— — tempérées	29,64	17,4

Azote. — La quantité d'azote décroît naturellement en sens inverse, ainsi que le montre le résultat final de nos recherches pour 100 parties de gaz spontanés.

	Azote.
Sources très chaudes	98,2
— chaudes.	94,4
— tempérées	81,4

En résumé, la quantité d'acide carbonique, et surtout la quantité d'oxygène, augmentent rapidement à mesure que température décroît, et les gaz ont une tendance marquée dans cette série à se rapprocher de la composition des gaz dissous dans l'eau non minérale, ainsi que nous le verrons dans le paragraphe suivant.

Les écarts notables que nous avons observés à plusieurs reprises nous ont permis d'aborder une question qui, il faut bien le dire, n'a pas encore été résolue d'une manière certaine : on se demande, en effet, si les gaz spontanés des sources ont une composition constante.

Le premier résultat qui frappe l'attention lorsqu'on jette les yeux sur le tableau qui suit, c'est la différence notable qui existe entre la proportion des gaz carbonique, azote et oxygène fournis à diverses époques par la même source. Ainsi la quantité d'acide carbonique varie depuis 0 jusqu'à 1,5 pour 100 ; celle de l'oxygène de 2 à 3 pour 100 ; or, ces différences dépassent assurément la limite des erreurs possibles dans nos observations. D'où l'on conclut que la composition des gaz spontanément émis par une même source offre d'un moment à l'autre des différences marquées. Néanmoins, si l'on prend les moyennes de ces expériences, on découvre que la composition des gaz est en rapport avec la température, et par conséquent avec la minéralisation des sources.

Le tableau ci-après résume nos expériences sur la composition des gaz spontanés des sources minérales de Plombières.

GAZ SPONTANÉS.

DATES.	Résultat de l'analyse pour 100 parties.			Moyennes.		
	Acide carboniq.	Oxygène.	Azote.	Acide carboniq.	Oxygène.	Azote.
1° Sources impériales. — *Robinet romain.*						
1860 29 novemb.	0,0	0,80	99,2	0,2	2,7	97,2
1861 12 janvier..	0,3	3,50	96,2			
— 2 février..	0,3	3,70	96,0			
Source Vauquelin.						
1861 10 janvier.	0,0	3,0	97,0	0,5	1,4	98,1
— 25 —	1,4	0,4	98,2			
— 2 février..	0,1	0,8	99,1			
Source Stanislas.						
1860 26 décemb.	0,1	0,1	99,8	0,6	0,1	99,3
1861 11 janvier..	0,7	0,2	99,1			
— 25 —	1,1	0,0	98,9			
2° Sources de l'aqueduc du thalweg. — *Source n° 5 de l'aqueduc.*						
1860 13 août....	0,9	5,7	93,4	0,6	3,8	95,6
— 29 —	0,6	4,3	95,1			
— 1er décemb.	0,4	2,1	97,5			
— 3 —	0,6	3,0	96,4			
Source n° 3 de l'aqueduc.						
1860 22 août....	0,0	6,2	93,8	0,0	6,2	93,8
Source n° 1 de l'aqueduc.						
1860 10 août....	1,4	5,7	92,8	1,4	5,7	92,8
3° Sources de la galerie des savonneuses. — *Source n° 5 de la galerie.*						
1860 8 août....	1,8	14,9	83,3	1,0	15,4	83,6
— 16 —	0,2	16,4	83,4			
— 15 décemb.	1,0	15,0	84,0			
Source n° 2 de la galerie.						
1860 21 juillet..	0,7	16,9	82,4	1,0	16,9	82,1
— 25 novemb.	1,2	17,3	81,5			
— 29 décemb.	1,2	16,4	82,4			
Source n° 4 de la galerie.						
1860 4 août....	1,5	17,2	81,3	1,5	18,0	80,5
— 27 novemb.	1,7	18,1	80,2			
— 6 décemb.	1,4	18,7	79,9			
Source n° 3 de la galerie.						
1860 27 juillet..	2,8	17,8	79,4	1,4	19,2	79,4
— 29 —	1,7	18,0	80,3			
— 13 novemb.	1,9	22,3	75,8			
— 24 —	0,3	18,8	80,9			
— 22 décemb.	0,3	19,1	80,6			
Source n° 1 de la galerie.						
1860 2 août...	0,0	17,8	82,2	0,4	17,8	81,8
— 8 décemb.	0,0	18,6	81,4			
— 19 —	0,0	17,1	82,9			
1861 23 janvier..	1,6	17,8	80,6			

§ V. — Gaz dissous.

On sait que les gaz dissous dans les eaux minérales ne possèdent presque jamais la même composition que ceux émis spontanément par les sources ; les résultats que nous avons obtenus avec les eaux de Plombières viennent encore une fois à l'appui de cette observation.

Voici comment nous avons procédé à la séparation des gaz dissous.

L'eau prise au robinet de la source ou dans l'enchambrement même, lorsque cela était possible, et apportée dans le laboratoire, était introduite dans un ballon dont on avait exactement déterminé la capacité en le pesant successivement vide et plein d'eau à 0° : un tube, deux fois recourbé, était disposé pour conduire les gaz dans une éprouvette placée sur une cuve remplie de la même eau que celle soumise à l'expérience, mais bouillie et maintenue à une température voisine de 100 degrés ; on s'assurait que le ballon, les tubes et l'éprouvette étaient complétement remplis d'eau. On chauffait alors le liquide du ballon, et l'on prolongeait l'ébullition jusqu'à ce qu'il n'y eût plus de dégagement de gaz dans l'éprouvette. On transportait ensuite les gaz obtenus sur la cuve à mercure, et l'on procédait à leur analyse de la même manière que pour les gaz spontanés. Disons toutefois que les transvasements successifs et impossibles à éviter, subis par l'eau minérale, son refroidissement pendant le trajet de la source au laboratoire, ont peut-être influé légèrement sur le volume réel des gaz dissous, mais nous croyons aussi que ces légères causes d'erreurs ne suffisent pas pour masquer les résultats généraux qui ressortent assez clairement de nos nombreuses analyses.

La quantité de gaz contenue dans 1 litre d'eau des sources minérales s'élève de 9^{cc},4 à 16^{cc},9 au maximum.

Comme terme de comparaison, nous nous sommes livrés à quelques expériences concernant la proportion des gaz dissous et contenus dans plusieurs sources non minérales, telles que les sources de Godet, Amélie, Babel et l'eau de l'Eaugronne.

Le tableau ci-après (page 158) donne les résultats des analyses que nous avons faites.

Acide carbonique. — L'acide carbonique trouvé dans l'analyse du gaz constate surabondamment la présence des bicarbonates dans l'eau minérale de Plombières prise à son émergence; mais comme il provient partie du gaz dissous, partie du gaz combiné, nous ne devons pas en déduire d'autre conséquence; nous constatons seulement qu'on obtient ainsi habituellement de 8 à 9 pour 100 d'acide carbonique dans le mélange gazeux par l'action seule de l'ébullition.

Les eaux de Plombières échappent, en ce qui concerne la quantité d'acide carbonique libre et dissous, à la loi qui régit la dissolution des gaz dans les eaux à des températures diverses: ainsi on remarque que ce ne sont pas toujours les sources les plus froides qui contiennent le plus de gaz libre. Cette anomalie, dont on retrouve souvent des exemples parmi les eaux minérales d'un même groupe, mais variables quant à leur température et à leur richesse minérale, provient, à Plombières, de ce que toutes les sources ne sont pas le siége de dégagements gazeux semblables, et de ce que plusieurs sources de minéralisation variable subissent sans doute des mélanges dans les couches profondes du sol.

GAZ DISSOUS DANS UN LITRE D'EAU.

DÉSIGNATION des SOURCES.	Température des sources.	DATES.	Hauteur du baromètre.	Centimètres cubes de gaz par litre.	Résultat de l'analyse (proport. p. 100).			Proportion p. 100.	
					Acide carbonique.	Oxygène.	Azote.	Oxygène.	Azote.
Robinet romain	69,53	29 janv. 4 h. s.	733,0	16,9	9,40	16,10	74,5	17,7	82,3
Vauquelin	69,35	29 — 4 h. s.	733,0	16,6	9,80	13,00	77,2	14,4	85,6
Stanislas	»	29 — 4 h. s.	733,0	9,4	1,40	15,00	83,6	15,3	84,7
Source n° 5 de l'aqueduc	65,21	20 — 10 h. s.	736,1	12,6	6,10	15,70	78,2	15,9	84,1
— n° 1	53,91	18 — 8 h. 45 min. s.	730,3	14,4	8,90	16,00	75,1	17,6	82,4
Source des Dames	51,49	18 — 8 h. 45 min. s.	730,3	11,4	7,70	14,40	77,9	15,6	84,4
Galerie des savonneuses, source n° 5.	40,46	20 — 10 h. s.	736,1	16,4	8,30	23,00	68,7	25,1	74,9
		27 — 10 h. s.	737,2	16,8	11,00	24,10	64,9	27,1	72,9
— — n° 4	27,13	23 — 11 h. m.	734,0	21,0	10,90	26,40	62,7	29,5	70,5
Source Bizot n° 1	12,07	23 — 11 h. m.	734,0	31,0	15,30	22,60	62,1	26,7	73,3
SOURCES NON MINÉRALES.									
Fontaine Godet	8,0	12 févr. 9 h. 30 min. m.	722,2	25,4	4,20	31,40	64,4	32,8	67,2
Fontaine Amélie	8,5	12 — 9 h. 30 min. m.	»	27,9	8,70	28,30	63,0	31,0	69,0
Source Babel	9,5	12 — 9 h. 30 min. m.	»	27,3	6,20	29,40	64,4	31,4	68,6
Eau de l'Eaugronne	2,0	2 — 7 h. s.	739,8	29,4	3,40	31,30	65,3	32,4	67,6

Azote et oxygène. — Nous avons consigné dans deux colonnes spéciales le rapport des proportions d'azote et d'oxygène.

On voit, par le tableau qui suit, que le rapport de l'oxygène à l'azote est fort différent. Il est de 15 à 17 pour 100 pour toutes les sources de l'aqueduc du thalweg ; mais dès qu'on passe aux sources tempérées de la galerie des savonneuses, la proportion d'oxygène augmente à mesure que la température décroît, et l'on tend visiblement à se rapprocher du type fourni par les eaux non minérales.

Si parmi les sources soumises à l'expérience, on prend celles qui ont pu être puisées à l'émergence de la roche granitique, et par conséquent dans des conditions identiques de captage, la progression devient tout à fait régulière, comme le montre le tableau suivant :

DÉSIGNATION DES SOURCES.		TEMPÉRAT.	OXYGÈNE.	AZOTE.
Sources minérales captées à la roche.	Vauquelin. .	69,35	14,4	85,6
	Galerie n° 5.	40,46	26,1	73,9
	— n° 4.	27,13	29,5	70,5
Sources non minérales (Babel).		9,5	31,4	68,6

Voici les proportions d'oxygène et d'azote contenus dans un litre d'eau des sources thermales et tempérées que nous avons analysées :

	Oxygène.	Azote.
	cc.	cc.
Source du Robinet romain.	2,72	12,60
— n° 5 de l'aqueduc du thalweg.	2,00	10,59
— n° 1 de l'aqueduc du thalweg.	2,53	11,86
— n° 5 de la galerie des savonneuses	4,75	12,24
— des Dames	1,77	9,62
— du Crucifix	2,50	10,50

§ VI. — Résumé, sur la composition des gaz spontanés te des gaz dissous.

Gaz spontanés. — En résumé, l'émission des gaz spontanés est un phénomène toujours associé à l'émergence des sources thermo-minérales de Plombières.

Ces gaz libres ne paraissent pas avoir une composition absolument constante, et la proportion relative des éléments qui s'y trouvent réunis varie d'un moment à l'autre dans de certaines limites : néanmoins, lorsqu'on passe d'un groupe de sources à un autre, on remarque des variations nettement tranchées. Ils sont essentiellement composés d'acide carbonique, d'oxygène et d'azote. Ils contiennent une très petite quantité d'acide sulfhydrique reconnaissable seulement vers le griffon de la source, et qui ne paraît avoir aucun rapport immédiat avec la nature des sels contenus dans l'eau minérale.

L'acide carbonique est en petite quantité et sa proportion n'excède pas 1,5 pour 100 des gaz émis spontanément.

La quantité d'oxygène varie de 1 à 19 pour 100, et sa proportion augmente à mesure que la température des sources thermales diminue.

La quantité d'azote varie en sens inverse et s'abaisse dans les mêmes conditions de 98 à 81 pour 100.

La composition moyenne des gaz libres est celle-ci :

	Température moyenne.	Acide carbonique.	Oxygène.	Azote.
Sources très chaudes.	69,49	0,7	1,1	97,32
— chaudes. . .	56,82	0,7	5,2	94,1
— tempérées. .	29,64	1,2	17,4	81,4

Gaz dissous. — L'eau minérale contient à l'état de dissolution une certaine quantité d'oxygène et d'azote, sans parler de l'acide carbonique, qui peut se trouver à la fois à l'état de combinaison et de dissolution. Les gaz obtenus par l'ébullition n'ont plus la même composition que les gaz libres ; ils contiennent, dans les sources les plus chaudes, 14 pour 100 d'oxygène ; la quantité de ce gaz augmente à mesure que la température diminue, et elle s'élève jusqu'à 29,5 pour 100. Le mélange gazeux tend donc, si l'on prend les sources dans l'ordre des températures décroissantes, à devenir pareil à celui que l'on retirerait de l'eau des sources non minérales.

Ainsi donc, l'étude des gaz spontanés ou à l'état de dissolution vient confirmer ce principe établi par l'analyse chimique, d'après lequel les sources minérales de Plombières formeraient une seule série passant par gradations insensibles de l'eau ordinaire à l'eau de la source Vauquelin, la plus chaude et la plus minéralisée. L'action de la minéralisation et ses résultats demeurent les mêmes ; son intensité seule est modifiée, et la température du griffon donne en quelque sorte la mesure de cette intensité qui se traduit, au point de vue qui nous occupe, par la diminution de la quantité d'oxygène contenue dans le mélange gazeux associé à l'eau minérale.

CHAPITRE IV.

ANALYSE QUALITATIVE ET QUANTITATIVE DES EAUX THERMALES ET DE L'EAU FERRUGINEUSE.

§ I. — Acide sulfhydrique.

En traçant l'historique des travaux chimiques exécutés jusqu'à ce jour sur les sources de Plombières, nous avons dit que, d'après les auteurs anciens, les eaux minérales de cette station contenaient du soufre.

Nous croyons devoir entrer ici dans quelques détails

parce que ce sujet a été l'objet de discussions très contradictoires, et parce qu'il peut faire supposer que peut-être la composition des eaux de Plombières aurait complétement changé depuis plusieurs siècles.

Et d'abord nous rappellerons que sous le nom de *soufre*, les auteurs anciens signalaient l'acide sulfhydrique dont l'odeur est si caractéristique.

Conrad Gesner et Gonthier, qui, en 1553 et en 1565, ont laissé des écrits intéressants sur les sources de Plombières, indiquent que ces eaux contiennent du soufre, mais non en quantité suffisante pour qu'on puisse le reconnaître par l'odorat.

Michel Montaigne, dans son *Journal de voyage en Italie par la Suisse et l'Allemagne, en* 1580 *et* 1581, raconte qu'il a fait une saison de onze jours à Plombières, et entre autres observations il dit n'avoir pas trouvé d'odeur et de saveur aux eaux.

Cependant près d'un demi-siècle plus tard, Berthemin, sieur de Pont et médecin du duc de Lorraine, s'exprime ainsi : « *L'odeur le témoigne, car à l'arrivée des fumées et spécialement lorsque l'air est épaissi par quelque pluie ou nuée obscure, le soufre ne s'exhalant si facilement ni si promptement, je dis la vapeur du soufre, et se sent manifestement, et tel qu'à plusieurs remplissant la tête, il leur cause des douleurs ; que si ce n'est toujours qu'à l'odeur on s'aperçoit du soufre, c'est qu'avant que l'eau soit dehors de terre, elle perd cette odeur en chemin.* »

Il semblerait résulter de ces observations anciennes que dans les eaux de Plombières, la présence du soufre, ou mieux de l'acide sulfhydrique, serait intermittente et sous la dépendance de la pression atmosphérique. L'intermittence dans l'émission spontanée des gaz est trop bien connue pour que nous insistions plus longtemps sur ce sujet.

En 1686, Titot conteste l'observation faite par Berthemin, et nie l'existence du soufre ou d'une matière sulfureuse dans les eaux de Plombières.

Dom Calmet est moins explicite que Berthemin et que Titot, et quoiqu'il ait remarqué une odeur sensible dans la vapeur de l'étuve et des bains de Plombières, il se demande si elle est bien due à du soufre.

Jusqu'à cette époque, les auteurs qui ont admis l'existence du soufre dans les sources de Plombières, ne l'ont fait que dans des termes qui éloignent le classement de ces eaux minérales parmi les eaux sulfureuses : mais en 1782, Didelot, dans un ouvrage assez complet sur la matière, a cru devoir distinguer les différentes sources entre elles, et désigner sous le nom d'*eaux sulfureuses* celles qui, dans la suite, ont reçu avec plus de raison le noms d'eaux thermales pour les différencier des eaux savonneuses. C'est sans doute d'après l'opinion de Didelot que Carrère, dans son *Catalogue raisonné des ouvrages qui ont été publiés sur les eaux minérales en général*, a formé trois classes d'eaux de Plombières, qui sont : 1° les sources savonneuses, 2° les sources sulfureuses, 3° la source ferrugineuse.

MM. O. Henry et Lhéritier ont qualifié, avec raison, d'erreur grossière le nom d'eaux sulfureuses donné à ces eaux thermales, et « si parfois, disent-ils, on constate » l'existence d'une certaine odeur de gaz sulfhydrique au » voisinage de quelques sources, comme il arrive fréquemment dans les environs de la source du petit conduit, il » faut l'attribuer aux immondices qui séjournent dans ces » endroits, et nullement à la nature des eaux elles-mêmes. »

Non-seulement les eaux thermales de Plombières ne peuvent être qualifiées de sulfureuses, mais nous croyons encore qu'elles n'ont jamais possédé ce caractère à un degré un peu élevé. L'état de conservation des objets de plomb ou de cuivre soumis depuis longtemps à leur contact le prouve, et la nature même des tuyaux de conduite adoptés par les Romains suffit à l'établir. Tout le monde sait, en effet, avec quel art admirable les Romains procédaient à l'appropriation des sources minérales, et il est probable que si les eaux de Plombières avaient été, à cette époque, notablement sulfureuses, les derniers travaux de captage n'auraient pas mis au jour des tuyaux de plomb, mais des conduites de terre émaillée, ainsi qu'on a eu si souvent l'occasion de les découvrir dans les anciens établissements d'eaux sulfureuses, à Bagnères-de-Luchon par exemple.

Voici maintenant les expériences que nous avons entreprises afin de déceler la présence de l'acide sulfhydrique auprès ou dans les sources de Plombières.

Nous constatons d'abord que ni l'odorat, ni les réactifs ordinaires de la chimie ne permettent de découvrir une quantité quelconque d'acide sulfhydrique dans les eaux qui ont reçu le contact de l'air, et que c'est seulement en exposant certains métaux à l'action des gaz spontanés ou au point d'émergence directe des sources qu'on arrive à des résultats concluants : des bandelettes de papier d'acétate de plomb abandonnées pendant quelque temps dans une cloche contenant 200 centimètres cubes de gaz environ, ne se sont pas colorées, parce que l'acide sulfhydrique y était en proportion trop minime pour produire du sulfure de plomb appréciable à la vue.

Nous avons exposé pendant vingt-quatre heures seulement dans la source Vauquelin, et vers l'endroit du griffon où le dégagement gazeux est le plus abondant et le plus direct, des lames de laiton et de cuivre, et voici ce que nous avons observé :

La lame de laiton qui était placée plus directement au-dessus du point d'émergence par lequel le gaz spontané s'échappe avec une abondance particulière, s'est colorée fortement en noir, et elle tachait les doigts en laissant sur ceux-ci une couche noire assez épaisse de sulfures métalliques.

La lame de cuivre avait perdu son brillant métallique et était devenue brune, sans doute parce qu'elle était moins exposée à l'action du gaz spontané, ou plutôt parce que le cuivre pur est dans une condition moins favorable que le laiton pour produire la décomposition de l'acide sulfhydrique.

Dans le conduit intérieur de la source des Dames et à l'abri de toutes émanations gazeuses extérieures, on a placé pendant quatre mois une pièce d'argent et des tubes de cuivre et de laiton, et nous avons obtenu les résultats suivants :

La pièce d'argent a pris une légère teinte jaunâtre comparable à celle qu'acquiert ce métal lorsqu'il est soumis à l'action d'une quantité très minime d'acide sulfhydrique.

Avec les autres métaux, les réactions ont été plus apparentes : ainsi le cuivre et surtout le laiton, qui étaient parfaitement décapés dans l'origine, se sont recouverts d'une couche noirâtre due évidemment dans le premier cas à du sulfure de cuivre, et dans le second cas à un mélange de sulfures de cuivre et de zinc.

Enfin une lame de cuivre abandonnée pendant trois mois dans le griffon de la source n° 5 de l'aqueduc, s'y est fortement colorée en brun.

Ces expériences montrent que les sources de Plombières émettent avec leurs gaz des proportions excessivement minimes d'acide sulfhydrique, et tout nous porte à présumer que l'origine de cet acide est exclusivement naturelle.

En effet, lorsqu'on cherche à se rendre compte de la formation des eaux minérales en général, on découvre que le travail de la minéralisation dans les profondeurs du sol s'effectue par voie de réduction, et non par voie d'oxydation. C'est ainsi qu'on explique la présence de certains sels métalliques à l'état de protosels, comme celui de fer, la formation des eaux sulfurées calciques et des eaux sulfurées sodiques. Or, les eaux de Plombières se minéralisant à des profondeurs très grandes, et à une température élevée, contiennent les éléments propres à la production de l'acide sulfhydrique, c'est-à-dire des quantités très notables de matière organique et de sulfates alcalins : nous rappellerons, à cet égard, qu'un grand nombre d'eaux minérales appartenant aux bicarbonatées, aux sulfatées et aux chlorurées, quoique privées en apparence d'acide sulfhydrique, laissent dégager néanmoins avec l'acide carbonique, l'oxygène et l'azote, des traces de gaz sulfhydrique reconnaissable seulement aux lieux d'émergence.

§ II. — Acide carbonique libre et combiné.

Tous les chimistes qui, depuis Nicolas jusqu'à M. O. Henry, en 1848, ont analysé d'une manière rationnelle les eaux thermales de Plombières, y ont constaté la présence de l'acide carbonique uni aux bases alcalines et aux bases terreuses.

Ainsi, en 1778, Nicolas a conclu de ses recherches, que la source du Chêne ou du Crucifix renfermait de la terre calcaire, et cela, parce que le résidu de cette eau, traité par le vinaigre distillé, occasionnait une vive effervescence.

En 1802. Grosjean a annoncé également la présence de l'acide carbonique dans toutes les sources de Plombières.

En 1803, Vauquelin, considérant sans doute la source du Crucifix comme le type des sources de Plombières, a aussi annoncé que cette eau minérale contenait de l'acide carbonique combiné partie avec la soude, partie avec la chaux.

Enfin, en 1848, M. O. Henry entreprit de nouvelles recherches sur l'eau du Crucifix, et il résulta de ses analyses que, non-seulement l'eau de cette source contenait des bicarbonates de soude, de chaux et de fer, mais encore un tiers de son volume d'acide carbonique libre.

Cependant, en 1854 et 1855, M. O. Henry se livrant avec M. le docteur Lhéritier, à un travail d'ensemble sur la composition chimique des eaux de Plombières, a infirmé ses précédents résultats en ce qui concerne les sources thermales et les sources savonneuses.

« Il y eut là, disent MM. O. Henry et Lhéritier, une erreur » à laquelle donna lieu l'emploi d'un mode opératoire dés- » avantageux dans cette circonstance. Voici ce qui fut fait. » On ajouta un léger excès de chlorure de baryum dans un » poids d'eau déterminé; on recueillit le précipité formé, » qui fut lavé soigneusement, fortement séché, puis pesé. » Dans cet état, on le traita par l'acide chlorhydrique pur, » et le résidu, lavé et séché, fut pesé de nouveau : la perte » en poids qu'il avait éprouvée fut considérée comme pro- » duite par du carbonate de baryte, tandis qu'elle était due » principalement à du silicate. »

Ces auteurs ont encore conclu à l'absence de l'acide carbonique libre et combiné dans les sources thermales de Plombières, parce que ces eaux minérales chauffées avec de l'acide sulfurique et dans un appareil approprié pour recevoir le gaz sous le mercure, n'ont pas indiqué de gaz absorbable par la potasse. Pour MM. O. Henry et Lhéritier, la source savonneuse (ancienne du jardin) et la source ferrugineuse seraient les seules qui contiendraient de l'acide carbonique et des carbonates à leur point d'émergence.

Disons enfin que l'analyse du gaz qui s'échappe du trou des Capucins et de la troisième source nouvelle de la Grande-Rue (source Vauquelin), n'a pas fourni à MM. O. Henry et Lhéritier de traces d'acide carbonique, tandis que le gaz recueilli dans l'étuve de Plombières en contenait 2,5 pour 100.

Les expériences nombreuses auxquelles nous nous sommes livrés tant sur les gaz spontanés des sources que sur les gaz dissous, et enfin sur les eaux minérales, nous ont montré de la manière la plus évidente que toutes les eaux contenaient, à leur point d'émergence, de l'acide carbonique libre et des bicarbonat es.

Voici le moyen que nous avons employé pour doser la totalité de l'acide carbonique libre et combiné.

Les eaux minérales, n'ayant reçu le contact de l'air que pendant le remplissage des bouteilles, ont été transportées à Paris et précipitées par du chlorure de baryum ammoniacal. Le dépôt, composé de carbonates de chaux et de baryte, de sulfate de baryte et peut-être de silicate de cette base, a été recueilli avec soin sur un filtre sans plis, lavé rapidement, et enfin placé dans une éprouvette graduée pleine de mercure. On y a fait arriver ensuite de l'acide chlorhydrique étendu de son volume d'eau, en quantité suffisante pour décomposer tous les carbonates terreux. Après plusieurs heures et lorsque le volume du gaz ne subissait plus d'augmentation, on a retiré le papier du filtre, on a pris la température et la pression ambiantes, et l'on a évalué la proportion du gaz carbonique ainsi mis en liberté.

Tous les chimistes savent que la solubilité dans l'eau ammoniacale du carbonate et du sulfate de baryte est beaucoup moins grande que dans l'eau ordinaire. C'est ce qui nous a fait prendre la précaution d'alcaliser fortement l'eau minérale en y ajoutant en même temps le chlorure de baryum, et, afin d'éviter l'acide carbonique ambiant, nous avons décanté la plus grande partie du liquide très clair avant de recueillir le précipité mixte sur les filtres. Nous sommes arrivés par ce moyen à des résultats aussi concordants que possible avec les eaux provenant des mêmes griffons.

	Acide carbonique libre et combiné par litre d'eau minérale.	
	En poids.	En volume.
		c.c.
Source Vauquelin.	0,04557	23,00
Source n° 5 de l'aqueduc du thalweg.	0,04159	20,98
— n° 1 de l'aqueduc du thalweg.	0,04260	21,49
— des Dames.	0,04798	24,21
— du Crucifix	0,04374	22,07
— n° 5 de la galerie des savonneuses	0,04154	20,96
— Lambinet	0,03368	16,99
— ferrugineuse	0,04359	21,99

§ III et § IV. — **Acides silicique et sulfurique.**

Pour la détermination du poids de l'acide silicique et de l'acide sulfurique, nous avons toujours opéré avec un litre et demi et 2 litres d'eau de chacune des sources de Plombières.

L'eau minérale a été évaporée jusqu'à siccité, et le résidu, légèrement calciné afin de déshydrater l'acide silicique, a été additionné d'acide chlorhydrique concentré. On a versé sur le mélange une petite quantité d'eau distillée et on l'a jeté sur un filtre; on a ainsi obtenu l'acide silicique qui, après avoir été lavé avec de l'eau distillée marquant 50 à 60 degrés, a été chauffé au rouge et enfin pesé.

Les solutions fournies après la séparation de l'acide silicique ont été additionnées d'un excès de chlorure de baryum, et les précipités de sulfate de baryte ont servi à déterminer la proportion de l'acide sulfurique.

Les dosages des acides silicique et sulfurique ont été recommencés une deuxième fois avec l'eau de chaque source, et nous avons considéré comme définitifs la moyenne des nombres obtenus.

Les eaux des sources thermales et des sources tempérées renferment des proportions d'acides silicique et sulfurique assez élevées par rapport aux autres principes minéraux. La nature du sol d'où elles sourdent explique très bien la première de ces substances, mais on ne saurait en dire autant de l'acide sulfurique sur l'origine duquel il est difficile de se faire une opinion arrêtée : l'analyse du granite des Vosges ne nous a offert, en effet, que des traces d'acide sulfurique. Aussi, tout nous fait supposer que ces eaux minérales empruntent leurs sulfates ailleurs qu'aux roches granitiques qu'elles traversent.

Quant à l'eau de la source ferrugineuse, son mode de minéralisation tout spécial rend parfaitement compte de la petite quantité d'acide sulfurique qu'elle renferme.

§ V. — Acide chlorhydrique.

Le dosage de l'acide chlorhydrique ne nous a rien offert de particulier, si ce n'est que pour éviter toute perte des chlorures pendant la concentration de l'eau minérale, nous avons ajouté à celle-ci une petite quantité de potasse caustique très pure : des expériences spéciales nous ont montré que de tous les sels minéraux les chlorures étaient ceux qui étaient le plus facilement entraînés par la vapeur aqueuse, et que plus l'eau était minéralisée, plus les chlorures étaient fixes.

§ VI. — Acide fluorhydrique.

MM. O. Henry et Lhéritier opérant avec un assez grand volume d'eau de la source du Crucifix, sont les premiers qui aient annoncé la présence de l'acide fluorhydrique, ou mieux d'un fluorure, dans les diverses sources de Plombières.

Cette intéressante découverte a reçu depuis une confirmation complète après les recherches de M. Nicklès sur la diffusion du fluor dans les eaux. Ainsi, d'après ce chimiste, 4 litres d'eau de Plombières, sans désignation spéciale de source, seraient assez riches en fluorure pour impressionner, passagèrement il est vrai, une lame de cristal de roche.

Nous avons dit ailleurs que le spath-fluor est un des minéraux les plus habituels des filons des sources minérales de Plombières. Il est intéressant de montrer qu'aujourd'hui encore ces eaux minérales contiennent quelques traces de ces fluorures qui paraissent avoir joué un rôle important dans leur histoire géologique.

Nos analyses ont porté sur 5 à 6 litres d'eau minérale des sources thermales et des sources tempérées, et voici comment nous avons opéré :

Rappelons d'abord que la recherche du fluor dans un volume quelconque d'eau minérale conduit à un résultat d'autant plus satisfaisant, que l'on a pris le soin d'isoler complétement l'acide silicique : en négligeant cette précaution, il se produit de l'acide silici-fluorhydrique qui n'a pas d'action, comme on sait, sur le cristal de roche.

L'eau minérale est évaporée presque à siccité, et lorsque l'acide silicique commence à se précipiter, on y ajoute quelques gouttes d'acide acétique qui décompose les carbonates et les silicates, et ne réagit pas au contraire sur le fluorure. Le résidu est légèrement calciné afin de rendre la silice insoluble et de volatiliser l'acide acétique en excès. On ajoute ensuite sur la substance une petite quantité d'eau, et enfin de l'acide chlorhydrique. On sépare la silice, on sursature le liquide par un léger excès d'ammoniaque et de carbonate d'ammoniaque. Le dépôt qui se forme, composé de carbonates de chaux et de magnésie, de sulfate de chaux et enfin de chlorure de calcium, est jeté sur un filtre, séché et placé dans un creuset de platine sur lequel on adapte une lame de cristal de roche enduite de cire. En arrosant le mélange d'acide sulfurique monohydraté et en chauffant progressivement le vase de platine, nous avons constamment observé sur la lame de cristal de roche et vers les points où la couche de cire avait été perforée, le passage de l'acide fluorhydrique.

En opérant avec l'eau de la source ferrugineuse, les résultats ont été beaucoup moins certains. Ainsi 10 litres d'eau de cette source, essayés par le même procédé que précédemment, n'ont pas permis de séparer de l'acide fluorhydrique, résultat que l'on peut aussi bien attribuer à l'absence d'un fluorure qu'à la très minime proportion de ce sel contenu dans l'eau de la source ferrugineuse.

§ VII. — Acide borique.

Voici les expériences que nous avons faites pour rechercher l'acide borique dans les eaux des sources thermales et des sources tempérées de Plombières.

Plusieurs litres de ces eaux ont été évaporés à une température inférieure à 100 degrés avec une petite quantité d'ammoniaque, afin d'éviter la volatilisation de l'acide borique par l'intermède de la vapeur aqueuse.

Le résidu a été additionné d'acide chlorhydrique, et la solution, essayée par le papier jaune de curcuma, ainsi que l'a indiqué M. Henry Rose, a en effet communiqué au réactif une teinte rougeâtre, que l'on a généralement le tort de considérer comme propre à l'acide borique.

Comme tous les résidus d'eau minérale se comportent de la même manière avec le papier de curcuma, nous avons dû poursuivre l'expérience précédente, afin d'obtenir la coloration verte que l'acide borique communique à la flamme de l'alcool. Pour cela, les liquides acides ont été saturés par l'ammoniaque et évaporés au bain de sable jusqu'à siccité. Le dépôt, additionné de quelques gouttes d'acide chlorhydrique, afin de mettre l'acide borique en liberté, a été mis en digestion avec de l'alcool concentré. On a placé le véhicule dans une capsule de porcelaine et on l'a enflammé. Dans aucun cas nous n'avons pu apercevoir à la partie supérieure de la flamme produite par l'alcool la coloration verdâtre propre à l'acide borique.

Avec 5 litres d'eau de la source ferrugineuse le résultat analytique a été le même. Nous sommes donc amenés à conclure que l'acide borique ne fait pas partie des eaux minérales de Plombières.

§ VIII. — Acide phosphorique.

Nous avons appliqué à la recherche de l'acide phosphorique le procédé basé sur l'insolubilité à peu près complète des phosphates d'urane et de bismuth dans l'acide nitrique faible, mais les résultats que nous avons obtenus ont été constamment négatifs avec les eaux des sources thermales et des sources tempérées.

En ce qui concerne la source ferrugineuse, nous avons opéré avec une grande quantité de dépôt ocracé recueilli vers le bassin de la source : après en avoir isolé le chlore et l'acide sulfurique, et avoir fait passer le fer à l'état de nitrate de protoxyde, au moyen de l'acide sulfhydrique, nous avons ajouté dans la solution du nitrate acide de bismuth qui a donné un précipité peu abondant de phosphate de bismuth.

§ IX. — Ammoniaque.

Aucun chimiste avant nous ne s'était préoccupé de l'existence de l'ammoniaque dans les eaux de Plombières; voici les expériences que nous avons faites à cet égard.

Des volumes de 4 à 5 litres d'eau minérale provenant des sources thermales ont été évaporés avec quelques gouttes d'acide sulfurique jusqu'à 25 ou 30 centimètres cubes. Le produit de la concentration a été placé dans un ballon avec un excès de chaux caustique récemment calcinée et délitée. Au ballon était adapté un tube courbé terminé par un tube en U contenant un peu de teinture de tournesol rouge, et au-dessus de cette teinture une bandelette de papier de tournesol rouge; en chauffant peu à peu le ballon, nous avons vu le papier réactif passer au bleu, et ensuite la teinture de tournesol prendre la même couleur.

Nous avons obtenu le même résultat avec les sources tempérées, et nous avons cru apercevoir que la source ferrugineuse, malgré sa faible minéralisation, était plus riche en ammoniaque que les sources précédentes.

Nous devons ajouter, en outre, que l'ammoniaque provenait de l'eau minérale elle-même, et qu'elle n'avait pas été formée par la chaux aux dépens de la matière organique azotée des diverses sources de Plombières. Des expériences spéciales ont prouvé à l'un de nous que la chaux caustique délayée dans quatre ou cinq fois son volume d'eau, et chauffée modérément avec une matière organique azotée, ne donnait pas naissance à du gaz ammoniac.

Tout nous porte à penser que l'ammoniaque des eaux minérales qui nous occupent, est un des produits accidentels formés dans les profondeurs de la terre aux dépens des matières azotées. Ce sont ces dernières qui, ainsi modifiées, entraînées par les eaux à l'état soluble, et placées dans des conditions spéciales donnent naissance aux conferves observées par Bory de Saint-Vincent, sous le nom d'*Oscillaria Mougeoti*.

§ X et § XI. — Soude et potasse.

La soude et la potasse ont toujours été dosées avec le même liquide. Pour cela, l'eau minérale a été évaporée presque à siccité avec un excès d'eau de baryte, afin de précipiter l'acide carbonique, l'acide sulfurique, la magnésie et la silice. Le résidu a été additionné d'une petite quantité d'eau, et le mélange a été jeté sur un filtre pour séparer tous les sels insolubles.

Dans la solution filtrée, on a versé une dissolution de carbonate d'ammoniaque qui a isolé l'excès de baryte ; la liqueur, évaporée jusqu'à siccité dans un creuset de platine avec quelques gouttes d'acide chlorhydrique, a donné un mélange de chlorures de sodium et de potassium dont on a déterminé la proportion. Ces chlorures, fondus, ont été dissous dans une petite quantité d'eau, et dans le liquide on a ajouté du chlorure de platine. Le mélange, évaporé jusqu'à siccité au bain-marie, a fourni des chlorures de sodium, de potassium et de platine qui ont été séparés au moyen de l'alcool absolu. Ce véhicule a dissous le chlorure double de sodium et de platine, et a au contraire abandonné sous forme d'une poudre jaune le chlorure double de potassium et de platine qui a été recueilli, lavé avec de l'alcool anhydre et séché.

Dans quelques-unes des sources de Plombières, la quantité de potasse a été trouvée assez forte pour que nous ayons pu en déterminer la proportion ; mais quelquefois aussi l'alcool n'a laissé à l'état insoluble que des traces impondérables de chlorure double de potassium et de platine.

§ XII et § XIII. — Chaux et magnésie.

La chaux et la magnésie ont été dosées dans les différentes eaux de Plombières avec la même quantité de liquide et l'une après l'autre.

On a fait évaporer, suivant leur richesse en principes minéraux, 4, 5 et 6 litres d'eau minérale jusqu'à siccité. Le résidu a été acidulé par l'acide chlorhydrique, afin d'isoler la silice, et, dans la liqueur filtrée, on a versé un excès d'ammoniaque qui, à part l'eau de la source ferrugineuse, n'a pas donné de précipité mixte d'oxyde de fer et d'alumine.

Par l'addition de l'oxalate d'ammoniaque, on a obtenu un précipité blanc qui a été recueilli avec soin, lavé avec de l'eau ammoniacale, et enfin chauffé au rouge avec de l'acide sulfurique. Le résidu de sulfate de chaux était toujours légèrement coloré en rose par de l'oxyde de fer qui s'était précipité en même temps que l'oxalate de chaux.

Les solutions d'où l'on avait séparé l'oxalate calcique ont été traitées par le phosphate de soude, qui a donné, suivant les sources, tantôt un dépôt insignifiant, tantôt un dépôt pondérable de phosphate ammoniaco-magnésien.

Ces deux dernières analyses nous ont conduits à un résultat inattendu, et dans tous les cas très digne d'intérêt : c'est que plus les eaux sont à une température élevée, plus elles sont chargées de sels de soude et de potasse, moins elles sont riches en sels de chaux et de magnésie.

§ XIV. — Lithine.

MM. O. Henry et Lhéritier, appliquant à la recherche de la lithine dans les diverses eaux thermales de Plombières la propriété que possède cette base de former avec le phosphate de soude un sel double, extrêmement peu soluble, sont arrivés à des résultats que nos nouvelles expériences confirment.

Nous avons cherché la lithine dans l'eau de la source Vauquelin, et nous sommes arrivés à l'isoler en quantité très minime, il est vrai, mais assez grande, néanmoins, pour constater sa nature. Voici pour cela le mode que nous avons suivi :

8 litres d'eau minérale ont été évaporés avec 10 gram. de carbonate de soude pur. Lorsque le liquide a été réduit jusqu'à 250 centimètres cubes environ, on l'a jeté sur un filtre afin de séparer tous les sels insolubles. La solution a été sursaturée par l'acide chlorhydrique et évaporée jusqu'à siccité. Le résidu salin a été mis dans un ballon avec de l'alcool absolu pour dissoudre le chlorure de lithium.

On a évaporé la solution alcoolique, et le résidu a été redissous dans une petite quantité d'eau contenant deux gouttes d'ammoniaque et autant d'une solution de soude caustique. Ce mélange, additionné de phosphate de soude, nous a donné un très faible précipité de phosphate sodicolithique.

Quoique nous n'ayons fait cette recherche que dans l'eau de la source Vauquelin, l'identité d'origine et de composition de toutes les sources de Plombières ne permet pas de douter que cette substance ne se trouve également dans les autres sources moins chaudes et moins chargées de sels fixes : du reste, nous devons rappeler que le granite à travers lequel elles jaillissent, contient du silicate de lithine.

§ XV. — Alumine.

M. O. Henry est le premier chimiste qui, en 1838, a annoncé l'existence de l'alumine dans l'eau de la source du Crucifix, résultat qui fut confirmé plus tard par cet auteur et par M. Lhéritier dans leur travail d'ensemble sur les principales sources de Plombières.

L'analyse faite récemment par l'école des mines inscrit également l'alumine dans l'eau de la source des Dames, dans celle de la source ferrugineuse, et dans le dépôt ocracé de cette dernière.

Dès le commencement de nos expériences, nous nous sommes aperçus que la proportion d'alumine dans les eaux de Plombières était très minime et impondérable, aussi l'emploi de l'ammoniaque nous parut-il un réactif insuffisant pour isoler cette base ; nous eûmes alors recours au moyen suivant :

8 à 10 litres d'eau minérale ont été évaporés jusqu'à siccité avec addition d'acide chlorhydrique, afin de séparer la silice. Dans la liqueur filtrée, on a ajouté de la potasse caustique jusqu'à parfaite saturation, de l'eau et ensuite du sulfhydrate d'ammoniaque qui a donné naissance à un très faible précipité noir. Ce dépôt, décomposé par l'acide azotique, a donné une solution qui a été placée dans un tube à essai avec un fragment de potasse caustique à l'alcool, dont la pureté nous était connue. En maintenant le tube au bain de sable, on a obtenu une solution à peu

près complète, sauf un peu d'oxyde de fer qui s'était précipité. La liqueur alcaline, étendue de quatre ou cinq fois son volume d'eau, a été ensuite neutralisée par l'acide chlorhydrique, et enfin traitée par le carbonate d'ammoniaque. Ce réactif a alors déposé un faible précipité d'alumine impondérable en ce qui concerne les eaux des sources thermales, mais plus abondant et pondérable dans l'eau de la source ferrugineuse.

§ XVI. — Fer.

Dans les sources thermales, la proportion de fer est tellement minime, que c'est seulement en opérant avec un grand nombre de litres d'eau minérale que l'on parvient à obtenir un très faible précipité d'oxyde de fer, et cependant le granite d'où elles émergent contient des quantités très notables d'oxyde de ce métal.

Dans la source Bourdeille, la proportion du sel de fer est assez considérable pour qu'on puisse classer cette eau minérale parmi les sources franchement ferrugineuses.

Le dosage de l'oxyde de fer de l'eau de cette dernière source a été effectué de la manière suivante :

4 litres d'eau minérale ont été évaporés jusqu'à siccité avec une petite quantité d'acide nitrique. Le résidu, délayé dans de l'eau contenant de l'acide chlorhydrique, a été jeté sur un filtre afin d'isoler la silice.

Dans la liqueur filtrée, on a versé un léger excès d'ammoniaque qui a fourni un précipité rouge pâle, composé d'oxyde de fer et d'alumine. On a traité le dépôt par un peu de potasse caustique à chaud, qui a dissous seulement l'alumine.

L'oxyde de fer, ainsi purifié, a été lavé avec soin et calciné au rouge.

Cette analyse a été répétée à deux reprises différentes, et les résultats obtenus ont été identiques dans les deux cas.

§ XVII. — Manganèse.

Dans aucune des sources de Plombières, et même dans le dépôt ocracé de la source ferrugineuse, les chimistes n'ont pu déceler la présence du manganèse.

La minime proportion de fer que les sources thermales renferment, rend la recherche du manganèse d'une difficulté extrême, et cependant, si l'on analyse le granite d'où ces eaux émergent, on y constate sans peine la présence de ce métal. Nous rappellerons à ce sujet que l'un de nous (1) a déjà indiqué la présence du manganèse, non-seulement dans les fentes du granite décomposé de Plombières, mais encore dans l'halloysite, qui a sans doute pour origine les eaux thermales. Si l'analyse est insuffisante pour isoler le manganèse d'une grande quantité d'eau minérale, les observations que nous venons de citer tendent à faire présumer l'existence de cette substance dans les sources thermales.

Mais avec l'eau de la source ferrugineuse, nos analyses ont été beaucoup plus concluantes.

Nous avons traité par l'acide chlorhydrique 4 grammes du dépôt ocracé et spontané de l'eau de la source ferrugineuse. La solution, séparée du sable et de la silice, a été additionnée d'un excès de potasse qui a donné naissance à un précipité volumineux rouge-brique. Ce précipité, mis en ébullition avec un excès d'hypochlorite de soude, a

(1) *Note sur les résultats, au point de vue géologique, des travaux de captage des sources minérales de Plombières*, par M. Julier, ingénieur des mines (*Annales des mines*, t. XV, p. 547).

donné un liquide légèrement coloré en rose, qui provenait du permanganate de soude. Disons aussi qu'il n'a fallu rien moins que l'extrême sensibilité de la réaction que nous indiquons ici pour nous permettre de conclure à l'existence du manganèse dans l'eau de la source ferrugineuse.

Si l'on examine les galets de grès bigarré enfouis dans le sol de la vallée de Plombières et soumis au passage des eaux d'infiltration qui descendent du haut des coteaux, on les trouve souvent recouverts d'un enduit noirâtre, tachant les doigts en brun marron et prenant une teinte plus claire en se desséchant. Tantôt il forme seulement un enduit coloré adhérent à la roche, tantôt il est associé à de l'argile et forme autour de la pierre une enveloppe de quelques millimètres d'épaisseur, bien distincte des terrains avoisinants.

Ce dépôt a quelque analogie avec celui que l'on trouve dans les fentes du granite décomposé, et qui n'est autre chose que de la braunite.

§ XVIII. — Iode.

M. Ch. Pommier, pharmacien à Mirecourt, a annoncé en 1854, que les eaux des sources du Crucifix et des Dames lui avaient indiqué à l'analyse des traces légères d'iode, et que l'eau de la source ferrugineuse était plus riche en iodure que les précédentes.

MM. O. Henry et Lhéritier ont recherché l'iode dans 15 litres d'eau de la source du Crucifix et d'eau de la source des Dames, et ils ont obtenu avec l'amidon et le chlore ou l'acide hypoazotique, une teinte un peu rosée qu'ils *présument* être produite par une trace d'iodure. Quant à l'eau de la source ferrugineuse, MM. O. Henry et Lhéritier y ont également admis l'existence d'un iodure, mais d'une manière douteuse, et en se fondant seulement sur l'analogie qui existe suivant eux entre cette eau minérale et les premières.

Bien assurés que si l'iode, ou mieux un iodure se trouvait dans l'une des sources thermales que nous avons analysées, il devait se rencontrer dans toutes les autres, nous avons recherché ce métalloïde par deux procédés différents et en opérant chaque fois sur un mélange de 15 litres d'eau provenant des sources du Robinet romain, des nos 1 et 5 de l'aqueduc du thalweg, du n° 5 de la galerie des savonneuses, et enfin de la source des Dames.

Pour cela, l'eau minérale a été concentrée à une température inférieure à 100 degrés, avec une petite quantité de potasse à l'alcool, dont la pureté nous était parfaitement connue. Le liquide, évaporé à siccité, a été ensuite mis en digestion avec de l'alcool pur, et le résidu a été épuisé à trois reprises différentes avec de l'alcool, afin de dissoudre les dernières portions d'iodure de potassium dans les cas où l'eau minérale contiendrait de l'iode.

La solution alcoolique a été évaporée au bain-marie jusqu'à siccité, et le résidu a été dissous dans une petite quantité d'eau. Cette solution aqueuse, filtrée, a été concentrée le plus possible, et lorsqu'elle a été refroidie, nous y avons ajouté un peu d'amidon entier et quelques gouttes d'acide chloro-azotique. Nous avons observé alors que le mélange acquérait une légère teinte jaune rougeâtre pareille à celle signalée dans les mêmes circonstances par MM. O. Henry et Lhéritier ; mais nous devons dire néanmoins que cette réaction ne nous a pas paru assez nette pour qu'on puisse affirmer qu'elle est produite par l'iodure d'amidon.

Comme nous avions à redouter par ce mode opératoire la volatilisation d'une quantité notable d'iodure de potassium pendant l'évaporation des 15 litres de l'eau minérale, nous avons appliqué à la recherche de l'iode dans l'eau de Plombières le procédé que l'un de nous a déjà fait connaître à l'occasion des eaux de Néris (1).

Dans 15 litres d'eau minérale provenant des sources thermales et des sources tempérées, nous avons ajouté une solution de 2 grammes de nitrate d'argent, et le mélange a été évaporé à une douce chaleur jusqu'à siccité. Le résidu, d'une teinte noire par suite de la réduction d'une partie du sel d'argent par la matière organique, a été recueilli avec soin, jeté sur un filtre, et lavé avec de l'eau distillée afin de séparer l'excès de nitrate d'argent.

Le précipité, dans lequel nous avions lieu de soupçonner l'existence de l'iodure d'argent, a été mis en digestion avec un léger excès d'eau de chlore. Après plusieurs heures, le précipité était parfaitement blanc, et comme l'iode avait dû se combiner avec du chlore pour former du chlorure d'iode soluble, nous avons recueilli le liquide qui a été saturé par une petite quantité de potasse pure.

La solution alcaline, évaporée à siccité, et le résidu chauffé au rouge, a donné un sel blanc soluble dans l'eau que l'on a additionné d'éther, d'amidon et d'acide chloro-azotique. Nous avons observé alors que l'éther restait tout à fait incolore, et que l'amidon ne prenait pas la teinte bleue si caractéristique de l'iodure d'amidon.

Ces deux expériences, exécutées par des procédés différents, nous permettent d'abord de conclure que le brome ne fait pas partie des eaux thermales et des eaux tempérées de Plombières.

Nous nous sommes ensuite livrés à la recherche de l'iode dans l'eau de la source ferrugineuse et jusque dans

(1) *Annales de la Société d'hydrologie médicale de Paris*, t. IV, p. 331.

le produit ocracé que cette source dépose spontanément.

10 litres d'eau de la source ferrugineuse ont été traités par la potasse caustique et évaporés jusqu'à siccité, comme nous l'avons dit précédemment. Or, après avoir repris par l'alcool concentré le résidu salin, et l'avoir essayé au moyen de l'amidon et de l'acide chloro-azotique, il nous a été impossible d'apercevoir la plus légère coloration bleue ou violacée de l'iodure d'amidon.

Ne pouvant parvenir à découvrir l'iode dans l'eau minérale elle-même, nous avons eu recours à un autre moyen.

On sait que les matières organiques azotées qui se développent dans les eaux minérales, s'approprient avec une très grande facilité les iodures que celles-ci renferment. Comme dans la source ferrugineuse il existe toujours une grande quantité de matière organique confervoïde colorée par du sesquioxyde de fer, nous y avons recherché la présence de l'iode, et nos résultats ont été très concluants.

Nous avons fait digérer au bain de sable 30 grammes du dépôt ocracé et encore humide de la source ferrugineuse avec 4 grammes de potasse caustique très pure. Il en est résulté une solution brune qui a été évaporée au bain de sable. Le résidu, fortement coloré en brun noirâtre, a été légèrement calciné dans un creuset de platine et mis en digestion avec de l'alcool concentré. La solution alcoolique évaporée jusqu'à siccité, et le résidu dissous dans une très petite quantité d'eau, nous a fourni avec l'amidon et l'acide chloro-azotique une coloration bleue, peu intense il est vrai, mais cependant assez caractéristique pour l'attribuer d'une manière certaine à l'iodure d'amidon.

Cette série d'expériences nous conduit à dire que les eaux des sources thermales et des sources tempérées de Plombières ne contiennent pas d'iodure, du moins en quantité appréciable par les réactifs ordinaires de la chimie, et avec un volume d'eau généralement plus que suffisant pour reconnaître l'iode lorsqu'il existe dans une eau minérale quelconque. Quant à l'eau de la source ferrugineuse, quoique les résultats aient été également négatifs avec l'eau elle-même, il est certain qu'elle contient une très petite quantité d'iodure : l'analyse de son dépôt naturel ne laisse aucun doute à cet égard.

§ XIX. — Arsenic.

En 1847, c'est-à-dire quelques années après que M. Walchner eut annoncé la grande diffusion de l'arsenic dans les eaux minérales ferrugineuses, M. Caventou entreprit de rechercher l'arsenic dans l'eau de la source ferrugineuse de Plombières : ce chimiste, opérant avec le dépôt ocracé et spontané de cette source, obtint en effet des taches arsenicales.

L'année suivante, MM. Chevallier et Gobley, dans un intéressant travail d'ensemble sur l'arsenic d'un grand nombre d'eaux minérales, annoncèrent à leur tour l'existence de ce métalloïde dans les sources thermales de Plombières. Ce résultat fut confirmé plus tard par MM. Bouquet, Braconnot, Duval, Hutin, Pommier, et enfin par MM. O. Henry et Lhéritier : M. Chevallier et MM. O. Henry et Lhéritier ont même indiqué la proportion d'arsenic que les eaux de plusieurs sources contiennent.

Comme nos devanciers, nous avons retrouvé de l'arsenic dans toutes les eaux minérales de Plombières que nous avons examinées, et cela, en opérant avec 4 et 5 litres d'eau minérale.

Nous aurions désiré joindre ici la quantité relative d'arsenic que chacune de ces sources renferme, mais nous savons combien sont insuffisants les modes de dosage de l'arsenic contenu en quantité minime dans les eaux minérales, et surtout lorsque ces dernières sont à peine minéralisées. Voici les expériences qui viennent à l'appui de cette manière de voir, et sur lesquelles nous attirons spécialement l'attention des chimistes. Nous avons fait évaporer très rapidement des quantités d'eau thermale, variant depuis 7 jusqu'à 15 litres, et les résidus, recueillis avec soin, chauffés avec l'acide sulfurique afin de détruire la matière organique, ont été soumis à l'appareil de Marsh. Or, ce n'est que par exception que nous avons obtenu des taches d'arsenic excessivement légères. Il y avait donc eu, dans le mode de concentration de l'eau minérale et par l'intermède de l'eau, une volatilisation plus ou moins complète du sel arsenical, volatilisation que nous attribuons, du moins en partie, à la faible minéralisation des sources de Plombières. Pour parer à cet inconvénient, voilà le procédé que nous avons suivi.

Dans 4 et 5 litres d'eau minérale, nous avons ajouté 8 à 10 grammes de potasse à l'alcool dont la pureté nous était parfaitement connue. Le liquide a été évaporé à une température inférieure à 100 degrés, et le résidu, mis en digestion au bain de sable, avec de l'acide sulfurique, afin de détruire la matière organique, a donné un liquide qui, placé dans un appareil de Marsh, a constamment fourni des taches d'arsenic.

Nous devons ajouter, toutefois, que la proportion de ce métalloïde dans les diverses eaux de Plombières est excessivement minime, qu'il est impossible de le découvrir dans l'eau minérale sans évaporation préalable, ainsi qu'on l'a avancé dans ces derniers temps, et qu'on ne peut songer par ces motifs à le doser exactement.

Nous avons encore constaté l'existence de l'arsenic dans

le dépôt ocracé de la source ferrugineuse, dans le granite à travers lequel sourdent les eaux thermales, et enfin dans l'halloysite déposée par les sources de ces dernières.

§ XX. — Matière organique.

La plupart des auteurs anciens qui se sont livrés à l'étude des eaux minérales de Plombières, avaient admis dans ces sources l'existence d'une matière organique, tantôt animale, tantôt végétale, qui fut désignée d'abord sous le nom de substance bitumineuse, de substance terro-gélatineuse, de soufre bitumineux et de bitume analogue à l'huile de pétrole.

Vauquelin est le premier qui ait cherché à jeter quelque jour sur la nature de cette substance. Comme il avait observé que le produit de l'évaporation de l'eau minérale, exposé à l'action d'une température élevée, répandait des gaz ammoniacaux et une huile empyreumatique fétide, il émit l'opinion que ce résidu contenait une matière animale ayant beaucoup d'analogie avec l'albumine ou la gélatine animale.

MM. O. Henry et Lhéritier ont confirmé, sur tous les points, les résultats annoncés par Vauquelin, et, de plus, ils se sont livrés avec beaucoup de soin à l'étude de la matière organique azotée et insoluble qui, avec la silice hydratée, forme un magma gélatineux que l'on rencontrait, au point d'émergence de certaines sources.

Nous avons cherché à découvrir la nature de la matière organique soluble, et voici ce que nous avons observé.

Lorsqu'on fait évaporer l'eau minérale des sources thermales et des sources tempérées, jusqu'à siccité, on obtient une poudre grise qui, chauffée à une température élevée, dégage une odeur forte, empyreumatique ; en un mot, qui rappelle les produits de décomposition, par le feu, des matières animales ou albuminoïdes. En effet, une partie de cette poudre chauffée au rouge dans un tube à essai, et avec de la chaux sodée, nous a fourni du gaz ammoniac.

Avec l'acide sulfurique, le produit de la concentration de l'eau de ces sources se charbonne fortement, et avec l'acide azotique concentré, la substance organique s'oxyde en dégageant des vapeurs nitreuses.

Soit qu'après sa dessiccation la matière organique azotée des sources thermales et des sources tempérées ait perdu la propriété de se dissoudre dans l'eau, soit qu'elle jouisse, comme beaucoup de substances organiques, de la propriété de former des laques avec les sels minéraux insolubles, toujours est-il que lorsqu'on traite par l'eau distillée le produit de l'évaporation de ces eaux minérales, on ne parvient pas à l'isoler des sels insolubles (carbonate et sulfate de chaux).

L'alcool n'a pas plus d'action sur ce résidu ; ce véhicule dissout seulement une petite quantité de chlorure de calcium, et le résidu conserve sa teinte propre.

Nous avons fait tous nos efforts pour déterminer la proportion de matière organique azotée que l'eau de chacune des sources contient, mais nous n'avons pu obtenir des résultats satisfaisants. Néanmoins, comme ces expériences nous ont conduits à quelques faits nouveaux, nous allons les signaler ici.

Dans le cours de ces dernières années, MM. Monnier et Hervier ont annoncé que l'on pouvait apprécier la quantité de matière organique contenue dans une eau quelconque, au moyen du permanganate de potasse, qui était ramené à l'état de sel de protoxyde de manganèse.

En faisant une solution titrée de permanganate de potasse et en l'ajoutant à l'aide d'une burette graduée dans les eaux des diverses sources de Plombières, il nous a semblé que nous pourrions aussi connaître la proportion relative de matière organique que celles-ci renferment. Mais les résultats que nous avons obtenus ont été bien différents de ceux que nous attendions ; en un mot, nous avons trouvé que cette réaction n'était pas applicable à la détermination de la matière organique de toutes les eaux minérales, et en particulier de celles de Plombières.

Ainsi, lorsqu'on verse dans un ballon une certaine quantité d'eau d'une des sources de Plombières, après l'avoir colorée avec quelques gouttes de la solution titrée de permanganate de potasse, et qu'on opère à froid ou à chaud, le liquide ne se décolore pas. Mais, si l'on place à côté et comme témoin un autre ballon contenant de l'eau de rivière, celle de la Seine par exemple, qui renferme une assez grande quantité de matière organique azotée, avec la même quantité de solution de permanganate de potasse, on voit le réactif rose se décolorer complétement vers la température de 80 à 90 degrés centigrades.

Nous avons eu alors recours à un autre moyen.

Tous les chimistes savent que, lorsqu'on chauffe une eau douce contenant une proportion notable de matière organique avec du chlorure d'or, on ne tarde pas à voir le mélange se colorer en violet, par suite de la réduction du sel d'or sous l'influence de la substance organique.

Dans des quantités égales d'eau des diverses sources de Plombières, nous avons ajouté des quantités égales d'une solution concentrée de chlorure d'or, et le tout a été exposé au bain-marie pendant plusieurs heures : à notre grand étonnement, nous n'avons pas observé la précipitation de l'or métallique.

Disons, enfin, que la recherche des acides crénique et apocrénique n'a donné que des résultats négatifs.

Il résulte donc de ces expériences que la matière organique azotée des eaux de Plombières diffère très notablement de celle qui se trouve dans les eaux douces courantes et dans les eaux minérales thermales, qui, après avoir été exposées pendant quelque temps à l'air, donnent naissance à des matières organiques amorphes ou organisées. Dans ce dernier cas, comme dans les eaux des bassins de réfrigération de Néris, par exemple, les eaux minérales contiennent en solution de la matière organique azotée, véritable albumine végétale soluble qui possède, comme on sait, la propriété de réagir sur le permanganate de potasse et sur le chlorure d'or.

A notre avis, les eaux thermales de Plombières renferment une matière organique azotée particulière, difficile à spécifier quant à sa nature et à son origine, mais dans tous les cas, différente de l'albumine végétale ou animale soluble. Ces faits ne doivent pas être perdus de vue pour l'histoire chimique et naturelle de la matière organique azotée et soluble des eaux minérales, encore si peu connue jusqu'à ce jour.

Nous avons encore recherché si le granite pouvait être considéré comme l'origine première de la matière organique des eaux des sources thermales ; mais l'alcool, l'éther et les divers véhicules usités en pareille circonstance, ne nous ont donné qu'une substance excessivement peu abondante et n'ayant aucune ressemblance avec celle que contient le résidu salin de l'eau minérale elle-même.

Nous n'avons pu nous occuper ici que de la matière organique azotée des sources thermales ; quant à la matière organique de la source ferrugineuse, comme elle est très différente de la précédente, nous la ferons connaître dans le paragraphe suivant.

§ XXI. — Acide crénique.

Comme l'eau de la source ferrugineuse, peu de jours aprè savoir été mise en bouteilles et transportée, abandonne à l'état insoluble une partie de son fer combiné avec de la matière organique, nous avons recherché l'acide crénique dans l'eau qui avait été sursaturée artificiellement d'acide carbonique à Plombières, et peu de temps après son puisement.

Nous avons fait concentrer jusqu'à 200 centimètres cubes environ 3 litres d'eau de la source ferrugineuse avec quelques grammes de potasse caustique, et la solution a été acidulée par l'acide acétique ; en y ajoutant ensuite de l'acétate neutre de cuivre et faisant bouillir, nous avons obtenu un très léger dépôt de crénate de cuivre qui a été séparé de la liqueur. Celle-ci, sursaturée par le carbonate d'ammoniaque et exposée de nouveau à l'action de la chaleur, ne nous a pas fourni de précipité d'apocrénate de cuivre.

Nous avons encore recherché l'acide crénique dans le dépôt ocracé de l'eau de la source ferrugineuse par le procédé suivant :

1 gramme de ce dépôt desséché a été délayé dans 100 centimètres cubes d'eau distillée contenant un gramme de potasse caustique.

La solution a été exposée au bain de sable pendant plusieurs heures et jetée sur un filtre, afin d'en isoler la partie insoluble. La liqueur acidulée, comme nous venons de le dire, par l'acide acétique et mise en ébullition avec de l'acétate neutre de cuivre, nous a encore fourni un précipité abondant de crénate de cuivre sans apocrénate.

Nous concluons de ces expériences que, dans l'eau de la

source ferrugineuse, l'acide crénique existe sans doute à l'état de crénate de protoxyde de fer soluble, sel qui, au contact de l'air, se convertit en crénate de sesquioxyde de fer insoluble.

CHAPITRE V.

RÉSIDU SALIN, ET RAPPORT DE LA TEMPÉRATURE AVEC LA PROPORTION DES PRINCIPES MINÉRAUX.

Pour connaître la quantité de principes fixes que les eaux de Plombières renferment, nous avons taré avec soin une capsule de platine de la contenance de 80 centimètres cubes, que nous avons placée sur un bain de sable, et dans laquelle nous avons versé peu à peu l'eau minérale. Lorsque nous avions ainsi fait évaporer avec soin 1 litre 1/2 à 2 litres de liquide, nous arrêtions l'opération dès que la capsule de platine n'accusait plus de variations à la balance.

Le résidu de toutes les eaux minérales, composé des sels fixes et de la totalité de la matière organique, s'est toujours présenté sous la forme d'une poudre grisâtre, sans odeur bien caractérisée, et faisant légèrement effervescence avec les acides.

Nous avons, en outre, recherché dans chacun de ces résidus la quantité des acides sulfurique et silicique qu'il contenait.

Ce genre d'analyse nous a conduit à découvrir que généralement plus les eaux étaient à une température élevée, plus elles étaient riches en principes minéraux et autres.

Le tableau suivant montre les résultats auxquels nous sommes arrivés :

DÉSIGNATION DES SOURCES.	Tempér.	Résidu par litre.	Acide sulfurique par litre.	Silice par litre.
Source Vauquelin...........	69,35	0,39252	0,07646	0,09854
— n° 5 de l'aqueduc......	65,21	0,33048	0,06639	0,07853
— n° 1 —	53,91	0,25907	0,04247	0,05134
— des Dames...........	51,40	0,28718	0,05228	0,06095
— des Capucins.........	51,00	0,23250	0,03712	0,05550
— du Crucifix..........	43,21	0,34050	0,06015	0,07100
— n° 5 de la galerie......	40,46	0,18654	0,02641	0,05108
— n° 2 —	29,91	0,13210	0,01756	0,02817
— Lambinet.............	26,36	0,10091	0,01254	0,02794
— n° 3 de la galerie.......	22,38	0,08120	0,00514	0,01529
— ferrugineuse..........	12,00	0,05270	0,00570	0,01000
— Bizot................	11,45	0,02730	0,00226	0,01009
— Babel (non minérale)....	9,0	0,02251	0,00150	0,00671

Pour toutes les sources dont le point d'émergence est accessible, la température décroît en même temps que la minéralisation et dans une proportion régulière. En sorte que si l'on examinait des échantillons d'eau minérale refroidie, il suffirait de faire évaporer chacun d'eux et de peser la quantité du résidu fixe pour savoir quelle était la thermalité des sources d'où ils provenaient.

La source des Dames et celle du Crucifix échappent à cette règle, mais on peut dire qu'elles la confirment en quelque sorte par l'exception même qu'elles présentent. En effet, ces sources sont précisément les seules dont les griffons sont inaccessibles. L'eau minérale n'arrive à chacune des buvettes qu'après avoir traversé une certaine longueur de canaux ménagés par les Romains dans le béton qui les enveloppe. Elles perdent pendant ce trajet une partie de la chaleur qu'elles avaient au point de départ, et si la minéralisation de la source du Crucifix est celle d'une source à 65 degrés, si celle des Dames correspond à la température d'une eau marquant plus de 55 degrés, nous sommes fondés à en conclure que les griffons, s'ils étaient accessibles, nous offriraient des températures très voisines de celles que nous venons d'indiquer.

Les circonstances extérieures donnent à cette explication un nouveau caractère d'évidence. En effet, l'écart que nous signalons est peu considérable pour la source des Dames, et le relief du sol montre que le griffon de cette source est nécessairement très voisin du robinet de la buvette.

Pour la source du Crucifix l'écart est très grand, puisque sa température est de 43°,21, tandis que sa minéralisation correspond à une source marquant plus de 65 degrés. La cause n'en est pas moins évidente et les preuves abondent pour l'établir. Nous savons en effet que cette source provient de deux griffons distincts captés par les Romains à une distance d'au moins 15 mètres de la buvette. Le débit de chaque source doit être très faible, puisque leur produit total n'est que de 5^{lit},22 par minute; leur refroidissement doit être d'autant plus facile, et nous avons montré qu'en effet la température de la buvette pendant l'hiver s'abaissait jusqu'à 4 degrés au-dessous de la température de l'été. Le puits dans lequel s'élèvent les eaux en arrière de la buvette est encore une nouvelle cause de refroidissement, et enfin les travaux de captage qui ont modifié légèrement le débit de la source du Crucifix au moment où nous mettions à découvert les eaux de la source n° 5 de l'aqueduc, qui ont 65 degrés, ont établi qu'il existait quelque relation entre ces deux sources.

Les principes essentiels, c'est-à-dire les acides sulfurique et silicique, varient exactement dans les mêmes proportions que la quantité totale du résidu salin.

Nous sommes donc parfaitement fondés à établir, comme

règle générale pour les sources minérales de Plombières, la proportionnalité de la minéralisation des eaux et de la température moyenne de la source prise au point d'émergence.

Cette loi a-t-elle un caractère absolu? Comme chaque source observée à son point d'émergence présente de petites variations de température, on est en droit de se demander si la minéralisation ne varie pas et dans le même sens.

Cette question a déjà attiré l'attention de MM. O. Henry et Lhéritier. Ils ont trouvé que la source des Dames et la source du Crucifix examinées à diverses époques, donnaient une très légère différence sur la quantité totale du résidu qui est lui-même peu considérable, et ils en ont conclu que ces changements paraissent indépendants des variations de température.

Mais il faut aussi se demander si cette minime différence (1 ou 2 milligrammes sur le produit de l'évaporation de 1 litre d'eau) ne peut pas provenir aussi bien des erreurs inévitables dans la détermination du résidu salin que de la variation de la minéralisation elle-même.

D'ailleurs les griffons de ces deux sources sont inaccessibles: nous venons de montrer que la température prise au robinet de chaque buvette est influencée par les circonstances extérieures, qu'elle est probablement fort différente de la température du griffon et par conséquent on ne peut déduire de ces expériences aucune conclusion fondée sur la question que nous venons d'exposer.

Pour l'étude de cette question, les circonstances sont maintenant beaucoup plus favorables qu'elles ne l'étaient avant les travaux de captage. Ainsi on peut, pour un grand nombre de sources de températures variées, prendre la température et recueillir l'eau minérale au point d'émergence. Une série d'observations de température et d'évaporation, mises en regard les unes des autres, permettraient sans doute d'arriver à des conclusions positives. Ces expériences mériteraient d'être reprises, et c'est dans ce but que nous signalons leur importance et les facilités qu'on aurait actuellement à les poursuivre.

CHAPITRE VI.

§ I. — Résumé des analyses précédentes.

Le plus grand nombre des analyses que nous venons de faire connaître ont été contrôlées une deuxième, et même une troisième fois, lorsque nous l'avons jugé nécessaire, et nous avons considéré comme l'expression de la vérité la moyenne des résultats obtenus.

Ces résultats sont représentés ici de deux manières différentes : dans la première, nous indiquons la proportion et la nature des principes élémentaires dosés et reconnus par l'analyse chimique; dans la seconde, nous indiquons, après quelques considérations spéciales, les formules que l'on peut attribuer hypothétiquement, et par le calcul, aux eaux minérales qui font le sujet de ce travail : pour ces formules, les sels sont considérés à l'état anhydre.

Le tableau suivant résume toutes les analyses qualitatives et quantitatives que nous avons faites pour reconnaître et pour doser chacun des principes élémentaires contenus dans les eaux des principales sources thermales de Plombières.

Tableau comprenant les proportions des corps simples, des acides et des bases contenus dans un litre d'eau des principales sources thermales de Plombières.

DÉNOMINATION des SOURCES.	Source Vauquelin.	Source n° 5 de l'aqueduc du thalweg.	Source n° 1 de l'aqueduc du thalweg.	Source des Dames.	Source du Crucifix.	Source n° 5 de la galerie des savonneuses.	Source Lambinet.
	cent. cub.	cent. cub.	cent. cub.	cent. cub.	cent. cub.	cent. cub.	
Oxygène	2,72	2,00	2,53	1,77	2,50	4,75	indéterminé
Azote	12,60	10,59	11,86	9,62	10,50	12,24	indéterminé
	gram.	gram.	gram.	gram.	gram.	gram.	gram.
Acide carbonique	0,04557	0,04159	0,04260	0,04798	0,04374	0,04154	0,03368
— sulfurique	0,07646	0,06639	0,04247	0,05228	0,06015	0,02641	0,01254
— silicique	0,09854	0,07853	0,05134	0,06095	0,07100	0,04108	0,02794
— chlorhydrique	0,00652	0,00554	0,00496	0,00583	0,00627	0,00407	0,00164
— fluorhydrique. — arsénique	traces	traces	traces	traces	traces.	traces	traces
Potasse	0,00871	0,00320	0,00005	0,00069	0.00121	traces	traces
Soude	0,12584	0,09926	0,07247	0,07184	0,10311	0,04316	0,01994
Ammoniaque	traces	traces	traces	traces	traces	traces	traces
Chaux	0,01034	0,01392	0,01581	0,01520	0,01430	0,01749	0,00992
Magnésie	traces	trac. sensibl.	trac. notabl.	0,00214	0,00005	0,00310	0,00200
Oxyde de fer, alumine	traces	traces	traces	traces	traces	traces	trac. sensibl.
— de manganèse?	traces	traces	traces	traces	traces	traces	traces
Matière organique azotée	indiquée	indiquée	indiquée	indiquée	indiquée	indiquée	indiquée
	0,37198	0,30853	0,23030	0,25691	0,29983	0,17685	0,10766
Poids du résidu fixe obtenu à 180°.	0,39252	0,33048	0,25907	0,28718	0,34050	0,18654	0,10091

§ II. — Formules chimiques des eaux thermales et des eaux tempérées de Plombières.

Les propriétés physiques et chimiques qui sont communes aux eaux des diverses sources thermales ou tempérées de Plombières démontrent suffisamment que les formules chimiques des unes sont également applicables aux autres.

Vauquelin est le premier chimiste qui, se basant sur les lois qui régissent les affinités, a essayé de grouper par le calcul les acides avec les bases. Il arriva ainsi à établir dans l'eau du Crucifix la présence de quatre sels différents qui sont les carbonates neutres de soude et de chaux, le chlorure de sodium et le sulfate de soude ; quant à la silice, Vauquelin la considéra comme étant à l'état de liberté et rendue soluble par une partie de l'alcali qu'il supposait à l'état caustique.

En 1838, M. O. Henry, trouvant par l'analyse une quantité d'acide carbonique supérieure à celle des bases, en a conclu que l'eau de la source du Crucifix contenait d'abord des bicarbonates, et ensuite de l'acide carbonique libre, indépendamment des sulfates de soude et de chaux, des chlorures de sodium et de magnésium, de la silice, etc. D'après le premier travail de ce chimiste, les eaux thermales de Plombières, dont la source du Crucifix était comme le type, auraient dû être rangées parmi les eaux bicarbonatées sodiques.

Mais en 1855, MM. O. Henry et Lhéritier, considérant l'acide carbonique trouvé antérieurement par l'un d'eux dans l'eau du Crucifix comme accidentel, ont indiqué une nouvelle formule générale des eaux thermales de cette station.

Pour ces auteurs, les sels minéralisateurs dominants seraient, dans ces sources, les silicates de soude, de chaux et de magnésie, le sulfate de soude et le chlorure de sodium, mais sans traces de carbonates. C'est ce qui a engagé MM. O. Henry père et fils, dans leur nouvelle classification des eaux minérales (1), à former sous le nom d'*eaux alcalines silicatées* une classe particulière qui, outre les sources thermales de Plombières, comprend encore les eaux minérales d'Évaux et de Montégu-Secla.

Pour les sources savonneuses, MM. O. Henry et Lhéritier ont suivi le même mode de groupement hypothétique des acides avec les bases, seulement on y voit figurer en plus des bicarbonates de chaux et de magnésie, ainsi que du chlorure de calcium et du sulfate de chaux.

Le moyen que nous avons employé, à notre tour, pour assigner une formule chimique rationnelle aux eaux thermales, est basé tout à la fois sur les résultats fournis par l'analyse qualitative et quantitative, sur les propriétés physiques des eaux, sur l'ordre d'affinité probable des acides avec les bases, et sur la nature du terrain d'où sourdent les sources.

Le traitement spécial des eaux par le chlorure de baryum, et ensuite par l'ammoniaque, nous a déjà montré qu'elles contenaient de l'acide carbonique libre, ou au moins, des bicarbonates; résultat qui a reçu une confirmation plus complète en faisant bouillir les eaux minérales dans un appareil approprié, et en soumettant à l'analyse les produits gazeux dégagés.

La proportion considérable, relativement aux autres principes élémentaires, d'acide sulfurique, d'acide silicique

(1) *Traité pratique d'analyse chimique des eaux minérales potables et économiques*, par MM. O. Henry père et fils. Paris, 1858.

et de soude, et, d'une autre part, le volume minime de gaz carbonique obtenu par l'analyse, nous font supposer dans les eaux l'existence du sulfate et du silicate de soude qui doivent être considérés comme les sels dominants.

Admettant que les eaux thermales ont dû se former, du moins en partie, par l'action de la vapeur aqueuse, du gaz carbonique et d'une température très élevée sur les roches granitiques d'où elles émergent, nous croyons vraisemblable qu'il s'est produit des bicarbonates de soude, de potasse, de chaux et de magnésie, tandis qu'une portion de silice a été mise à l'état de liberté.

Quant aux autres sels dont la proportion ne se traduit que par des fractions minimes ou impondérables, leur solubilité plus ou moins grande dans l'eau explique assez leur présence, soit qu'ils aient pour origine les terrains mêmes qui les contenaient tous formés, soit qu'ils résultent des décompositions qui se sont accomplies dans l'intérieur du globe ou pendant le mouvement ascensionnel des sources. C'est ainsi que nous avons été conduit à supposer, dans ces eaux, la présence du silicate de lithine et d'alumine, du sulfate d'ammoniaque, du chlorure de sodium, du chlorure de calcium, et, enfin, des traces d'oxyde de fer et peut-être de manganèse.

D'après ces considérations, et en tenant compte de la prédominance de la soude et des acides sulfurique et silicique, les eaux thermales de Plombières doivent former une classe spéciale d'eaux minérales à laquelle nous donnerons le nom d'*eaux sulfatées et silicatées sodiques*.

Voici, en admettant cette hypothèse, la composition que nous croyons pouvoir assigner à ces eaux.

Tableau comprenant les quantités de combinaisons salines, attribuées hypothétiquement par le calcul à un litre d'eau, des principales sources thermales de Plombières.

DÉNOMINATION DES SOURCES.	Source Vauquelin.	Source n° 5 de l'aqueduc du thalweg.	Source n° 1 de l'aqueduc du thalweg.	Source des Dames.	Source du Crucifix.	Source n° 5 de la galerie des savonneuses.	Source Lambinet.
	cent. cub.	cent. cub.	cent. cub.	cent. cub.	cent. cub.	cent. cub.	
Oxygène	2,72	2,00	2,53	1,77	2,50	4,75	Indéterminé.
Azote	12,60	10,59	11,86	9,62	10,50	12,24	Indéterminé.
	gram.	gram.	gram.	gram.	gram.	gram.	gram.
Acide carbonique libre	0,00688	0,00689	0,00879	0,01267	0,00825	0,00309	0,00946
Acide silicique	0,02155	0,02517	0,00739	0,02731	0,00749	0,01589	0,02794
Sulfate de soude	0,13564	0,11776	0,07534	0,09274	0,10670	0,04685	0,02874
— d'ammoniaque Arséniate de soude	traces	traces	traces	traces		traces	traces
Silicate de soude (SiO^3, NaO)	0,12863	0,07998	0,07343	0,05788	0,10611	0,04209	traces
— de lithine	traces	traces	traces	traces	traces	traces	0,00764
— d'alumine	traces	traces	traces	traces	traces	traces	traces
Bicarbonate de soude	0,02288	0,01732	0,01426	0,01123	0,02092	0,00818	traces
— de potasse	0,01673	0,00637	0,00125	0,00133	0,00233	traces	traces
— de chaux	0,02778	0,03542	0,04065	0,03868	0,03639	0,04451	0,02540
— de magnésie	traces	trac. sensibl.	tr. très notab.	0,00670	traces	0,01253	0,00626
Chlorure de sodium	0,01044	0,00892	0,00794	0,00927	0,01004	0,00651	0,00262
Fluorure de calcium Oxydes de fer et de manganèse?	traces	traces	traces	traces	traces	tra	traces
Matière organique azotée	indiquée	indiquée	indiquée	indiquée	indiquée	indiquée	indiquée
	0,37053	0,29783	0,22905	0,25281	0,29823	0,19965	0,10806

TROISIÈME PARTIE.

SOURCE FERRUGINEUSE DE PLOMBIÈRES.

CHAPITRE PREMIER.

ORIGINE GÉOLOGIQUE, ÉTAT ANCIEN, TRAVAUX DE CAPTAGE, DÉBIT ET TEMPÉRATURE DE LA SOURCE.

Dans les prés qui avoisinent Plombières, et notamment dans ceux qui font face à l'entrée du parc impérial, on rencontre souvent des filets d'eau légèrement ferrugineuse. Ce phénomène est très fréquent et l'on connaît les réactions particulières qui résultent de l'infiltration des eaux superficielles au travers des terrains chargés de fer et de matières organiques qui se trouvent à la surface du sol. Mais il se manifeste avec une énergie particulière au voisinage des sources thermales, et il est remarquable que chaque groupe de sources thermales aux environs de Plombières a, en quelque sorte, sa source ferrugineuse.

Lorsque nous avons visité les sources de la Chaudeau qui offrent tant d'analogies de tous genres avec celles de Plombières, nous avons trouvé, à 100 mètres en amont des sources et au milieu du pré de la rive gauche de la Semouse, une source qui tapisse d'un limon ferrugineux très abondant le petit fossé par lequel elle s'échappe. D'autres suintements ferrugineux se montrent sur le bord de la rivière, au contact du sol végétal et des roches imprégnées d'eau minérale.

A Bains, M. le docteur Bailly a signalé une source ferrugineuse située à 3 kilomètres de la ville, sur la route de Saint-Loup. Elle se trouve au sommet d'une petite vallée qui correspond sans doute à une ligne de fracture. Tout près de là, à Tremonzey, existe un moulin appelé jadis de Chaudefontaine, et quelques champs du voisinage de ce moulin sont encore désignés sous le nom de terre Chaudot. On ne rencontre cependant, sur les lieux, aucune émergence actuelle de source thermale et la tradition est également muette à cet égard; néanmoins, ces dénominations font supposer qu'on a observé jadis quelques traces d'une source thermale dont on a perdu le souvenir.

Les sources ferrugineuses de Luxeuil sont bien connues : elles se trouvent à quelques mètres de distance des sources thermales, et si les travaux de recherche exécutés récemment par M. Descos, ingénieur des mines, ont mis en évidence leur origine superficielle, leur voisinage avec les sources thermales devient pour nous un fait d'autant plus remarquable.

La source ferrugineuse de Plombières, dont nous allons nous entretenir maintenant, se trouve sur l'axe même du thalweg, en amont de la ville et au milieu de la promenade des Dames. Les terrains d'alluvion ont, dans cette petite partie de la vallée de Plombières, une épaisseur exceptionnelle, et c'est au milieu de ce terrain que surgit la source. Sa température est habituellement supérieure à celle des sources qui sortent du granite autour de la promenade des Dames.

Les exemples que nous venons de citer donnent à croire que l'origine de la source ferrugineuse de Plombières est également liée à quelque griffon isolé d'eau légèrement tempérée, et qu'elle résulte de réactions facilitées par la nature de cette eau circulant dans les couches de terrain voisines de la surface. Quoi qu'il en soit, toutes les propriétés physiques et chimiques tendent à la différencier très nettement des sources thermales dont nous nous sommes occupés et qui forment une seule famille dont les caractères sont parfaitement établis.

Cette source, nommée encore source *Bourdeille*, est demeurée complétement inconnue jusque vers le milieu du XVIIIe siècle ; du moins, aucun ouvrage antérieur à 1750 n'en fait mention ; ainsi don Calmet, dont le traité porte la date de 1748, donne la description très détaillée de la ville et des environs de Plombières. Il signale la papeterie qui est, dit-il, à deux cent quarante pas en amont du haut bout du village ; il constate même l'existence des sources d'eau froide qui se rencontrent en ces parages, et le silence qu'il garde à l'égard de la source ferrugineuse est tout à fait significatif.

C'est en 1759 que l'abbé de Bourdeille, depuis évêque de Soissons, appela l'attention sur cette source, surgissant au milieu d'un pré et laissant un dépôt ferrugineux sur son parcours. Quelques années plus tard en 1761 et 1762, Stanislas, roi de Pologne et duc de Lorraine, créa la promenade des Dames. On respecta la source et on l'entoura d'une clôture en planches. Malgré les vertus que lui prêtaient quelques personnes, et spécialement contre la gravelle, elle fut encore négligée, et quelques années seulement avant 1789 on la mit en évidence en creusant un canal en pierre de taille et un réservoir dont les abords étaient plus convenables. Les recherches que l'on fit à cette occasion eurent pour effet de reporter vers le milieu de la promenade la source qui, auparavant, se trouvait à peu près vers le tiers inférieur.

En 1803, on fit de nouvelles recherches pour remonter à l'origine de la source ; on fut conduit presque jusqu'au tiers supérieur de la promenade (1), et on disposa la buvette telle que nous l'avons trouvée en 1857.

Avant les derniers travaux de captage, un double escalier partant du sol de la promenade conduisait au fond d'une excavation circulaire de 4 mètres de diamètre, entourée par un mur en pierre de taille; une grille en fer surmontait le mur et formait une sorte de rond-point sur l'axe de la promenade; la source coulait par un robinet situé à $2^m,20$ au-dessous du sol; l'enchambrement, situé à l'est et à 7 mètres de distance de la buvette, était d'un accès très difficile.

Des observations suivies pendant près de deux ans montrent que la température de cette eau varie de 10°,1 à 12°,4, et qu'elle paraît en général un peu plus élevée en hiver qu'en été. Les observations continuées depuis le mois d'octobre 1857 jusqu'au mois d'octobre 1858, forment une progression assez régulière qui présente un minimum en mars et avril et un maximum en septembre et octobre.

État de la source avant les travaux de captage (2).

Dates.		Température.	Débit.
1857	1er octobre.	12,5	5,67
—	13 octobre.	12,0	6,00
—	22 novembre	10,1	5,74
—	11 décembre.	11,2	5,45
1858	12 mars.	10,2	5,71
—	15 juin	10,2	5,35
—	23 juin	10,4	5,22
—	6 juillet	10,8	5,45
—	12 juillet	11,1	5,50
—	20 juillet.	11,2	6,24
—	3 août	11,6	6,60
—	10 août	12,0	5,74

(1) A 590 mètres de la source du Crucifix, à 313 mètres de l'extrémité orientale de la ville.

(2) Les températures sont prises et les jaugeages sont faits au robinet de la buvette, l'enchambrement n'étant pas accessible.

	Température.	Débit.
1858 17 août	11,9	5,46
— 24 août	12,0	5,78
— 1er septembre	12,2	6,30
— 14 septembre	12,4	6,46
— 21 septembre	12,3	6,37
— 28 septembre	12,4	6,40
— 5 octobre.	12,4	6,33

Température moyenne. . . . . 11°,5
Débit moyen . . . . $5^{lit},88$

On peut expliquer ce phénomène en observant les lois qui règlent la pénétration de la chaleur ambiante dans le sol. On sait que les variations diurnes de la température extérieure s'éteignent à $0^m,30$ environ au-dessous de la surface du sol, et que la température moyenne de la journée n'est plus guère sensible au-dessous de la profondeur de $0^m,60$. A 3 mètres de profondeur, on ne peut constater que la température moyenne mensuelle. La chaleur atmosphérique pénètre lentement dans la croûte terrestre, et des expériences faites à Bruxelles ont montré qu'un thermomètre enfoncé de $3^m,80$ dans le sol avait son maximum en septembre, son minimum en avril, tandis que le maximum de l'air est en juillet et le minimum en janvier.

La source ferrugineuse n'arrive à l'enchambrement qu'après avoir fait un trajet assez prolongé dans les terrains superficiels à $2^m,85$ au-dessous du sol. La coïncidence que nous trouvons entre nos observations et les résultats des expériences de Bruxelles, que nous venons de citer, nous portent à croire que les différences de température de la source résultent de la variation de température du sol lui-même à cette profondeur.

Quant au débit, les jaugeages exécutés pendant la même période, montrent qu'il oscille entre les limites extrêmes de $5^{lit},22$ à $6^{lit},60$ par minute. Il semble un peu plus considérable en automne qu'en été et même qu'au printemps, mais ces variations sont, en somme, peu accusées.

En résumé, avant les travaux de captage, la température moyenne de la source ferrugineuse était de 11°,5, et le débit de 5^{lit},88 par minute.

La création de la nouvelle avenue de Plombières rendait indispensable le déplacement de la source. Le 14 octobre 1858, nous avons commencé les travaux de fouille nécessaires pour opérer un nouveau captage de la source et pour faciliter la conduite de ses eaux dans le centre de la ville où l'on pourra plus facilement les mettre à portée des malades qui en font usage.

Le sol de la promenade est formé d'environ 3 mètres (1) de terrain rapporté au-dessous duquel se trouvent des alluvions granitiques qui paraissent n'avoir pas été remaniées et dont la profondeur est inconnue. Nous n'avons rencontré aucun de ces débris de travaux romains qui apparaissent très nettement quand on fouille les alluvions à l'aval de Plombières; seulement, une couche de scories placée au-dessus des alluvions anciennes, indique la présence d'une forge qui existait jadis à l'entrée de la promenade (2).

(1) Le sol a été exhaussé depuis cette époque par suite des travaux de rectification de la route impériale. L'ancien puits était arasé à la cote de 443^{m},38 au-dessus de la mer, et le niveau de l'eau était 433 mètres. Le nouveau puits est arasé à la cote 433,40.

(2) La chute de l'Eaugronne, qui se trouve en cet endroit, paraît avoir été depuis longtemps appliquée aux besoins de l'industrie métallurgique. Un titre de 1699 lui conserve le nom de forge de la Renardière. Mais, en 1750, il s'y trouvait une papeterie dont l'existence était déjà ancienne et qui a été exploitée par Beaumarchais. Actuellement, elle est revenue à sa première destination, et met en mouvement les machines d'une belle fabrique de casserie et d'ustensiles en fer, dépendant des forges de Semouse.

La fouille pratiquée autour du puits mit en évidence les griffons, au nombre de trois principaux venant horizontalement à $2^{m},80$ au-dessous du sol, l'un de l'est, le deuxième du nord-est et le dernier du nord. Les deux premiers paraissaient notablement plus ferrugineux que le troisième. Ils présentaient, pendant les épuisements, et dans l'ordre où nous venons de les citer, les températures de 12°,6, 12°,8, 13°,1.

Un nouveau puits fut préparé pour la source et placé au centre d'une chambre voûtée cachée sous le sol de la promenade; un canal, partant de cette chambre, traverse la promenade, suit l'ancien lit de l'Eaugronne et aboutit au-dessus de la mairie. Les tuyaux de conduite sont placés dans ce canal. Ils se prolongent sous la voûte de l'Eaugronne, traversent l'aqueduc du thalweg, et amènent l'eau minérale jusqu'auprès de la source du Crucifix, sous les arcades de la rue Stanislas.

Le tableau suivant donne le résumé des expériences que nous avons faites depuis l'achèvement des travaux sur le débit et la température de cette source.

État de la source après les travaux de captage.

Dates.		Température (1).	Débit.
1859	19 mai	11,0	»
—	23 juin	13,0	»
—	1er juillet	12,7	»
—	23 juillet	14,0	»
—	13 décembre	13,0	6,13
1860	14 janvier	12,0	6,70
—	22 mars	11,0	7,74
—	20 avril	10,5	5,58
1861	9 février	10,8	6,74

Température moyenne. . . . . 12°,0
Débit moyen. . . . . $6^{lit},58$

(1) Les températures sont prises à la surface de l'enchambrement.

CHAPITRE II.

PROPRIÉTÉS PHYSIQUES ET CHIMIQUES DE L'EAU DE LA SOURCE FERRUGINEUSE.

L'eau de la source ferrugineuse, examinée au moment où elle jaillit du sol, est, comme les précédentes, limpide, incolore et inodore.

Sa saveur est légèrement fade.

Sa densité, déterminée avec de l'eau transportée, a été trouvée égale à 1,0004.

Le *papier bleu de tournesol* y est à peine rougi, indice d'une proportion très peu notable de bicarbonates et d'acide carbonique libre.

Avec le *cyanure rouge de potassium et de fer*, l'eau minérale se colore en jaune verdâtre, et après quelque temps, il se précipite une très petite quantité de bleu de Prusse. Cette réaction indique, d'une manière certaine, la présence du fer à l'état de sel de protoxyde.

Avec le *cyanure jaune de potassium et de fer*, la réaction est nulle.

Avec le *chlorure d'or*, l'eau minérale ne prend que la teinte jaune propre au réactif.

Avec le *tannin*, l'eau minérale se colore d'abord en rose et ensuite en violet.

Avec la *teinture de noix de galle*, la réaction paraît nulle dans le premier moment, mais après quelques instants, le liquide acquiert une teinte légèrement violacée.

et les jaugeages sont faits par le tuyau immergé à $0^{m},10$ en contre-bas de l'origine du puits. L'état des lieux, qui était provisoire, obligeait alors à maintenir habituellement l'eau tendue jusqu'à la surface du puits : on avait soin, après avoir débouché le tuyau de jaugeage, de laisser couler l'eau au moins pendant plusieurs heures avant de faire l'expérience.

Le *sulfocyanhydrate d'ammoniaque* ne colore pas l'eau minérale.

Voilà pour les réactions obtenues à la source, et lorsque le fer est tenu en dissolution. Mais, avec l'eau minérale transportée, aucun de ces réactifs n'indique la présence du fer, parce que la totalité de ce métal se précipite avec la matière organique peu de jours après le puisement.

La *potasse* et l'*ammoniaque* ne déterminent aucune réaction apparente.

Avec l'*oxalate d'ammoniaque*, il se forme un précipité d'oxalate de chaux très peu volumineux.

Le *chlorure de baryum neutre* ne donne pas de dépôt de sulfate de baryte; mais si l'on ajoute de l'ammoniaque, l'eau minérale se trouble par suite de la précipitation du carbonate de baryte mélangé d'un peu de sulfate de baryte.

Le *phosphate de soude neutre et le phosphate d'ammoniaque basique* ne précipitent ni phosphate de chaux, ni phosphate de magnésie ammoniacal.

Avec le *nitrate acide d'argent*, il se forme un précipité très peu apparent de chlorure d'argent.

Avec le *permanganate de potasse*, la réaction est nulle.

L'*acétate neutre et l'acétate basique de plomb* déterminent immédiatement un précipité blanc assez notable.

Avec les *acides minéraux*, il ne se dégage pas de gaz carbonique.

Dans l'eau de la source ferrugineuse, le sel de fer, avons-nous dit, est dans un état extrême de mobilité : aussi, quelques instants après avoir reçu le contact de l'air, ou bien quelques jours après avoir été conservée en bouteille, l'eau minérale abandonne, sous la forme d'un précipité rougeâtre, très léger, la presque totalité de son fer mélangé, sinon combiné avec la matière confervoïde. C'est pour obvier à cet inconvénient que M. Gentilhomme, pharmacien à Plombières, a eu l'heureuse idée de la sursaturer de gaz carbonique, et d'en faire ainsi une boisson d'abord plus agréable, ensuite plus stable dans sa composition, et partant plus sûre dans ses effets.

L'eau examinée à la source n'est le siége d'aucun dégagement de gaz spontanés.

Puisée à la source et soumise à l'ébullition, elle nous a fourni par litre 22^{cc},99 de gaz, qui sont ainsi composés à la température de 0° et à la pression de 760 millimètres.

Acide carbonique	18,95
Oxygène	9,67
Azote	71,38
	100,00

La proportion de l'oxygène à l'azote, pour 100 parties, est alors de 11,93 : 88,07 ; elle est donc beaucoup moins considérable que dans les eaux froides de source ou de rivière du voisinage.

Lorsqu'on abandonne cette eau minérale au contact de l'air, elle doit emprunter à l'atmosphère la quantité d'oxygène nécessaire pour arriver à l'état de saturation et d'équilibre ; cette cause contribue sans doute à faciliter les précipités qui se forment alors, et qui résultent en même temps de la nature propre des matières contenues en dissolution dans l'eau.

Son analyse qualitative et quantitative nous a donné les résultats suivants :

Composition élémentaire.

Eau.	1 litre.	
	cent. cubes.	
Oxygène	2,22	
Azote.	16,31	
	gram.	cent. cub.
Acide carbonique.	0,04359 ou	22,00
— sulfurique	0,00570	
— chlorhydrique	0,00258	
— silicique	0,01000	
— phosphorique	traces	
— iodhydrique		
— arsénique		
Soude.	0,00731	
Potasse	traces	
Ammoniaque.		
Chaux	0,00622	
Magnésie	traces à peine appar.	
Alumine	0,00116	
Oxyde de fer (Fe^2O^3)	0,00754	
Oxyde de manganèse et lithine ? .	traces	
Acide crénique.	indiqué	
	0,08410	
Poids du résidu fixe obtenu à 180°.	0,05270	

L'origine toute spéciale de la source ferrugineuse lui assure aussi une formule chimique différente de celle des eaux thermales.

Dans cette eau, la prédominance de l'acide carbonique, par rapport aux acides sulfurique, silicique et chlorhydrique, et surtout la quantité notable d'oxyde de fer qu'elle renferme, nous ont fait inscrire, à côté du bicarbonate de fer, des bicarbonates de soude et de chaux, puis du sulfate de chaux et du chlorure de sodium, sels que l'on retrouve également dans les eaux ferrugineuses froides.

L'existence d'un volume notable d'acide carbonique libre nous a déterminé à faire figurer, dans notre analyse, toute la silice également à l'état libre.

D'après ce mode d'arrangement hypothétique des acides avec les bases, la source Bourdeille devrait être rangée parmi les eaux minérales *ferrugineuses bicarbonatées*, et nous lui assignerons la composition suivante :

Composition hypothétique attribuée à un litre d'eau de la source ferrugineuse.

	gram.	cent. cub.
Acide carbonique libre	0,02337	ou 11,79
Bicarbonate de soude	0,01253	
— de potasse	traces	
— de chaux	0,00565	
— de magnésie	traces	
— de protoxyde de fer	0,01698	
— de magnésie et d'ammoniaque	traces	
Chlorure de sodium	0,00413	
Sulfate de chaux	0,00975	
Iodure de sodium	traces	
Phosphate de soude	traces	
Acide silicique	0,01000	
Alumine	0,00116	
Silicate de lithine ?	traces	
Acide crénique	indiqué	
Arséniate de fer	traces	
	0,08357	

CHAPITRE III.

CONFERVES DE LA SOURCE FERRUGINEUSE.

Les eaux de la source ferrugineuse donnent naissance à des dépôts remarquables qui ont été pris habituellement pour des précipités ferrugineux, mais qui ont au contraire une structure organique bien prononcée et dont nous avons fait une étude spéciale.

Le puits dans lequel émerge la source est au fond d'une chambre souterraine cachée sous le sol de la promenade des Dames, et par suite tout à fait obscure. Son orifice, de forme rectangulaire, a $0^m,75$ de large et $0^m,95$ de long : l'eau est parfaitement limpide, et le regard pénètre facilement jusqu'à la base du puits qui a $2^m,15$ de profondeur. Mais au contact des parois, et principalement au niveau de l'eau, se développent des masses floconneuses qui s'attachent aux murs et s'étendent à quelque distance en formant une sorte de bourrelet suspendu dans l'eau, tout autour du puits. Ces masses sont jaune d'ocre et opaques dans les parties les plus anciennes qui sont au contact de la pierre ; elles sont d'une couleur vert jaunâtre et presque translucides dans les portions récentes qui viennent augmenter ce bourrelet et se développer sur son pourtour. Cette matière est d'une ténuité extrême, et lorsqu'on veut la recueillir, elle laisse un résidu presque nul, comparé au volume qu'elle occupait : elle a presque la même densité que l'eau, car les masses arrondies qu'elle fournit ne s'étalent pas à la surface, et si l'on agite l'eau légèrement, elles se précipitent avec une lenteur extrême. Les parties jaunâtres, plus chargées de fer, se déposent peu à peu au fond, où elles restent sans changement. Les parties verdâtres, moins agglomérées et moins denses, restent plus longtemps en suspension ; mais elles finissent aussi par tomber au fond du puits, où elles forment une couche qui s'épaissit graduellement.

Lorsque l'eau déborde autour du puits et reste stagnante, en couche mince, au contact de l'air, le dépôt se forme très vite, devient de plus en plus dense, et se sépare en petits grumeaux d'un jaune d'ocre assez foncé, au lieu d'être en masses arrondies et floconneuses, comme au moment de sa formation : ce qui montre que le contact de l'air favorise le développement de cette végétation microscopique.

Si l'on remplit une carafe avec l'eau à la source, et qu'on la maintienne dans un appartement dont la température est de 15 degrés, les conferves se développent de la même manière que dans l'obscurité. L'eau, d'abord parfaitement limpide, devient, après douze heures, légèrement opalescente; en l'examinant par transparence sous une vive lumière, on distingue une foule de petites masses blanches, arrondies, de 1 ou 2 millimètres de diamètre, disséminées dans tout le liquide qui reste limpide. Après un ou deux jours, on distingue encore quelques-uns de ces corpuscules, mais la plus grande partie s'est précipitée au fond de la carafe et forme un dépôt floconneux de couleur ocreuse, qui ne se tasse pas. Si l'on agite l'eau et qu'on l'abandonne ensuite à elle-même, le dépôt, au lieu de se répartir également au fond du vase, se réunit en deux ou trois flocons isolés, assez analogues à des éponges sans consistance.

Lorsqu'on prend le dépôt ancien, grumeleux, qui s'est formé au fond du puits, ou bien celui qui est resté depuis longtemps dans la carafe où on l'observait, l'agitation de l'eau le sépare en une multitude de petits filaments isolés que l'on peut distinguer à l'œil nu, mais qui ne tardent pas à s'agglomérer de nouveau, comme nous venons de le dire, dès que l'eau est devenue tranquille : l'examen microscopique permet de suivre la tendance de ce dépôt à prendre une structure organique.

Les premiers flocons blancs qu'on aperçoit dans la carafe, après douze heures d'exposition à l'air, présentent l'aspect d'une matière gélatineuse, d'un mucilage presque incolore. Cette substance ne se révèle, lorsqu'on la soumet au microscope, que par les petits points de matière moins transparente, de couleur jaune, quelquefois noirâtre, qu'elle enveloppe, et qui flottent dans le liquide, lorsqu'on le remue légèrement, sans se séparer les uns des autres, et en conservant leurs distances respectives.

Lorsqu'on examine ce même précipité après quelques jours de repos, il offre un aspect analogue ; mais la matière mucilagineuse a plus de consistance et commence à prendre une teinte ocreuse. Les points opaques et jaunâtres sont plus nombreux et plus distincts de la matière qui les enveloppe. On distingue quelques filaments longs, flexibles et très fins, qui serpentent dans la masse.

Si l'on examine le précipité formé depuis longtemps dans le puits et qui a un aspect grumeleux, l'organisation confervoïde est devenue complète. On découvre une foule de petits filaments très fins, de diamètre uniforme, qui s'entrecroisent en tous sens ; ces filaments, même avec un très fort grossissement, ont l'apparence de tubes creux, sans cellules et sans cloisons transversales : leur épaisseur, mesurée au micromètre, n'excède pas 1/500e de millimètre.

Ces conferves flottent au travers d'une sorte de mucilage dans lequel on distingue une multitude de petits globules à peu près sphériques : c'est cette matière mucilagineuse qui détermine la tendance de ce dépôt à se réunir, comme nous l'avons dit, en un petit nombre de masses arrondies, nettement isolées du liquide qui les enveloppe.

C'est à cette végétation microscopique (1), et non pas à un simple dépôt de la matière ferrugineuse, qu'est dû l'enduit ocreux adhérent aux carafes dans lesquelles on sert habituellement, à Plombières, l'eau de la source Bourdeille ; elle

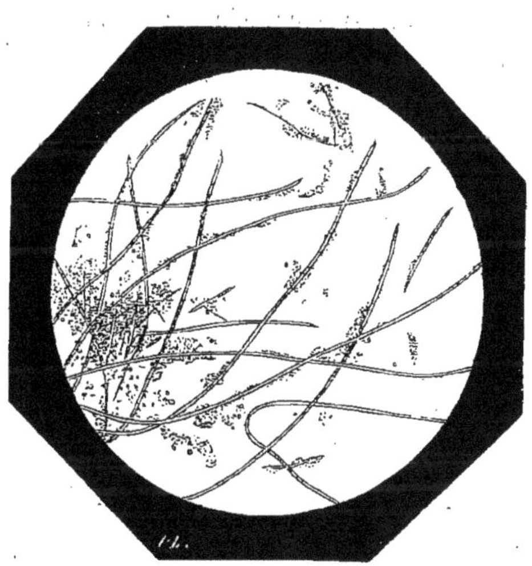

se développe avec une telle énergie, dès qu'elle a commencé à naître, que la lumière ou l'obscurité, l'abaissement ou l'élévation de la température jusqu'au delà de 60 degrés, ne paraissent pas influer beaucoup sur sa marche.

(1) Cette végétation microscopique n'est pas exclusivement propre aux eaux de la source Bourdeille ; elle a, au contraire un caractère très général: c'est à elle que sont dus presque toujours ces dépôts ocreux que l'on a considérés généralement tantôt comme du sesquioxyde de fer hydraté, tantôt comme du crénate de fer.

Je m'en suis assuré en examinant un grand nombre de dépôts de ce genre provenant, soit des sources ferrugineuses accidentelles, si fréquentes dans les terrains humides, soit des sources minérales ferrugineuses de Luxeuil, de la Chaudeau, qui leur sont fort analogues. (P. J.)

Les tuyaux même qui amènent à la buvette l'eau de la source en sont remplis ; ces conferves s'y accumulent au point de gêner l'écoulement. Mais, à de certains moments, ces dépôts finissent par être entraînés ; l'eau prise à la buvette est alors trouble et tout à fait ocreuse, mais il suffit de peu de temps pour qu'elle reprenne sa limpidité naturelle.

INDEX BIBLIOGRAPHIQUE

DES EAUX THERMALES DE PLOMBIÈRES.

La bibliographie de Plombières est très étendue : il existe un nombre considérable de notices ou de traités dans lesquels il est fait mention des eaux thermales de cette station, surtout en ce qui concerne la matière médicale ; nous nous bornons à citer ceux qui nous ont paru offrir un intérêt particulier au point de vue de l'histoire de Plombières, de ses sources, de ses bains, et qui renferment, à cet égard, des documents originaux.

Chronici dominicanorum Colmariensium, 1292, p. 27.

J. CAMERARIUS. De thermis Plumbariis, 1540.

J. G. AGRICOLA. Basileæ, 1546, in-fol., index, etc.

LEONH. FUCHSII Historia omnium aquarum, etc. Venetiis, 1542-44, in-8, et Methodus et Compendium medicinæ, in-18., Lugduni, 1550.

BARTHOLOMEUS A CLIVOLO, med. taurinensis. De balneorum naturalium viribus libri quatuor. Lugduni, 1552, cap. 25, p. 123.

J. CAMERARIUS, BARTHOLOMEUS, Conrad GESSNER. De balneis omnia quæ extant apud Græcos, Latinos et Arabes, etc. Venetiis, 1553, in-fol.

J. GUINTHERII Andernaci Commentarius de balneis et aquis medicatis. Argentorati, 1565, in-8, p. 3, 80 et 81, 206, etc.

GALLUS ESCHENREUTER. Natur aller heilsamen Bäder und Brunnen. Strasburg, 1571, in-12.

JEAN LEBON. Abrégé de la propriété des bains de Plombières. Paris, 1576, in-8 (et 1616, in-16).

MICHEL DE MONTAIGNE. Journal du voyage en Italie par la Lorraine, en 1580 et 1581. Rome, 1750.

A. TOIGNARD. Entier discours de la vertu et propriété des bains de Plombières. Paris, 1581, in-16, et 1584, in-16.

François Thybourel. L'hydrothérapeutique pluměriane, ou méthode de guérir les maladies par l'usage des eaux de Plombières, réduite en théorie et pratique, 1611 (manuscrit de 114 pages).

Berthemin de Pont. Discours sur les eaux chaudes de Bains et de Plombières. Nancy, 1628. Réédité sous le titre de : Petit traité qui enseigne la méthode que l'on doit observer en buvant les eaux chaudes et froides de Plombières, et la manière de prendre les bains, la douche et l'étuve desdites eaux, par François, 1738, à Mirecourt.

Nicolas Rouveroy. Petit traité enseignant la vraie et assurée méthode pour boire les eaux chaudes et froides, minérales, qui sortent des rochers de Plombières. Épinal, 1695, 1696, 1697, 1737.

S.-F. Geoffroy. Mémoires de l'Académie des sciences, 1700, p. 58, 60. — Tractatus de materia medica. Parisiis, 1741, in-8; Venetiis, 1756, in-4. Traduit en français. Paris, 1753, in-12.

De la Martinière. Dictionnaire géographique sur Plombières, et mémoires dressés sur les lieux en 1705.

P.-A. Titot. Naturæ et usus thermarum Plumbarium brevis descriptio. Basileæ, 1686, in-8 ; 1706. Reproduit dans le « Fasciculus dissertationum medicarum » de Théodore Zwinger. Basileæ, 1710, in-8.

Em. Binninger. Observations sur les eaux de Plombières (*Ephémérides cur. de la nature*, 1719).

C. Richardot. Nouveau système des eaux chaudes de Plombières, etc. Nancy, 1722.

Dunod. Histoire du second royaume de Bourgogne. Dijon, 1737, tome II, § 453.

J.-C. Morel. Quæstiones medicæ circa fontes medicatos Plumbariæ. Vesuntione, 1746.

Malouin. Analyse des eaux savonneuses de Plombières (*Mémoires de l'Académie des sciences*, 1746, p. 49 et 109).

J. Lemaire. Essai sur la manière de prendre les eaux de Plombières. Remiremont, 1748, in-8.

Dom Calmet. Traité historique des eaux et bains de Plombières, Bourbonne, Luxeuil et Bains. Nancy, 1748, in-8.

Morand. Mémoire pour servir à l'histoire naturelle et médicale des eaux de Plombières (*Mémoires de l'Académie des sciences*, 1757, t. V, p. 128).

Chevalier. Réflexions sur les eaux de Plombières (*Journal de médecine*, 1770, t. XXXIII, p. 143).

Monnet. Nouvelle hydrologie. Paris, 1772, in-12.

NICOLAS (de Nancy). Dissertation chimique sur les eaux minérales de la Lorraine. Nancy, 1778.

DIDELOT. Avis aux personnes qui font usage des eaux de Plombières, ou traité des eaux minérales, etc. Bruyères, 1782, in-8.

Lettres vosgiennes, par dom Du Tailly.

J.-FR. MARTINET. Journal physico-médical des eaux de Plombières. Remiremont, 1797.

IDEM. Traité des maladies chroniques et des moyens les plus efficaces de les guérir, qui sont les différentes manières d'user des eaux de Plombières, etc. Paris, 1803, in-8.

J.-FR.-E. GROSJEAN. Nouvel essai sur les eaux minérales de Plombières. Remiremont, 1799; 2e édition, Nancy, 1802.

VAUQUELIN. Analyse des eaux de Plombières (*Annales de chimie*, vol. XXXIX, an IX (1802), p. 160).

AMÉ JAQUOT. Dissertation sur les eaux minérales froides et thermales de Plombières. Strasbourg, 1813 et 1835.

J.-B. DEMANGEON. Plombières, ses eaux et leur usage. Paris, 1835.

HEYFELDER. Die Heilquellen des Grossherzogthums Baden, des Elsass und des Wasgau. Stuttgart, 1846.

L. TURCK. Du mode d'action des eaux minéro-thermales de Plombières, 4e édition. Paris, 1847.

O. HENRY. Archives générales de médecine, Notice sur les eaux de Plombières, par M. Guersant. Février 1848.

CAVENTOU. Journal de chimie médicale, 1848, p. 33.

CHEVALLIER et GOBLEY. Séance de l'Académie de médecine du 28 mars 1848.

BEAULIEU. Antiquités des eaux minérales de Vichy, Plombières, Bains et Niederbronn. Paris, 1851.

LHÉRITIER. Eaux de Plombières, du rhumatisme. Paris, 1853.

O. HENRY et LHÉRITIER. Hydrologie de Plombières. Paris, 1855.

HUTIN. Guide des baigneurs aux eaux minérales de Plombières, 4e édition. Paris, 1856.

A. ROTUREAU. Des principales eaux minérales de l'Europe. Paris, 1859, t. II, p. 141.

*** Plombières pittoresque, etc., Nouveau guide aux eaux de Plombières. Paris, 1859.

E. DELACROIX. Notice sur Plombières et ses bains. Chez Blaise, à Plombières, 1860.

Analyses faites au laboratoire de l'École des mines (*Annales des mines*, t. XVII, 1re livraison de 1860, p. 11).

Dictionnaire général des eaux minérales et d'hydrologie médicale, par MM. Durand-Fardel, Lebret, Lefort et J. François, 2e vol., p. 547. Paris, 1860.

FIN.

TABLE DES MATIÈRES.

PREMIÈRE PARTIE.

PLOMBIÈRES, SES SOURCES ET SES EAUX MINÉRALES.

DEUXIÈME PARTIE.

ANALYSE CHIMIQUE.

TROISIÈME PARTIE.

SOURCE FERRUGINEUSE DE PLOMBIÈRES.

FIN DE LA TABLE DES MATIÈRES.

SOURCES MINÉRALES DE PLOMBIÈRES ET ENVIRONS.

CARTE GÉOLOGIQUE.

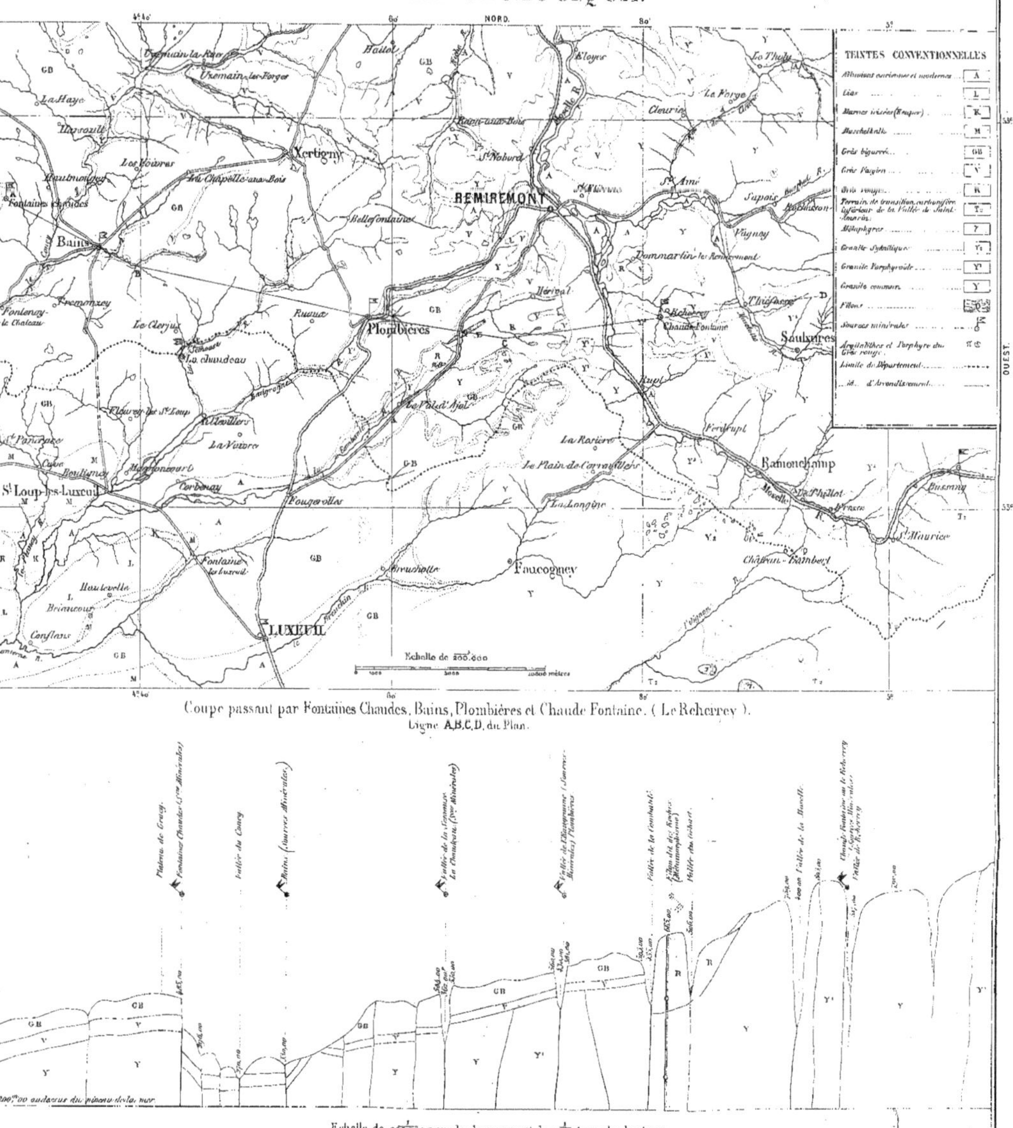

...ée chez Erhard, R. Bonaparte 42.

P. Jutier, Ingr des Mines, Del. Plombières 1861.

Paris, Imp. Lemercier.

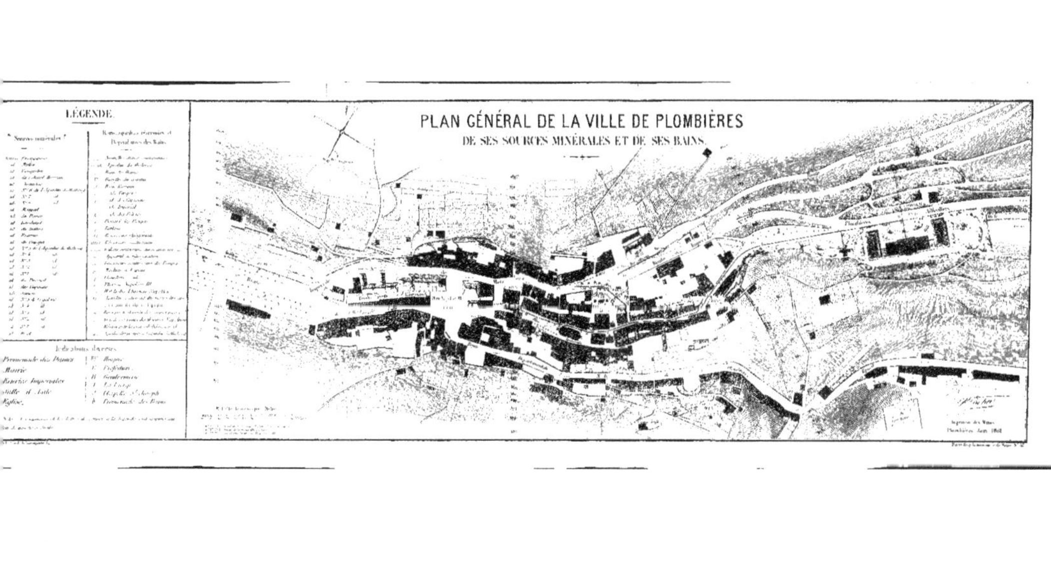
PLAN GÉNÉRAL DE LA VILLE DE PLOMBIÈRES
DE SES SOURCES MINÉRALES ET DE SES BAINS.
LÉGENDE.
Sources minérales
Indications diverses
Promenade des Dames
Mairie
Fontaines Impériales
Église

www.ingramcontent.com/pod-product-compliance
Ingram Content Group UK Ltd.
Pitfield, Milton Keynes, MK11 3LW, UK
UKHW020135220726
13923UKWH00001B/181